[澳] 珍妮·布朗（Jenny Brown） 著 何梦丽 译

心智成熟之旅

GROWING YOURSELF UP

How to Bring Your Best to All of Life's Relationships (Second Edition)

原书第2版

人生重要阶段的自我超越

机械工业出版社
CHINA MACHINE PRESS

图书在版编目（CIP）数据

心智成熟之旅：人生重要阶段的自我超越：原书第 2 版 /（澳）珍妮·布朗（Jenny Brown）著；何梦丽译 . —北京：机械工业出版社，2023.10

书名原文：Growing Yourself Up : How to Bring Your Best to All of Life's Relationships (Second Edition)

ISBN 978-7-111-74281-4

Ⅰ. ①心…　Ⅱ. ①珍… ②何…　Ⅲ. ①人生哲学 - 通俗读物　Ⅳ. ① B821-49

中国国家版本馆 CIP 数据核字（2023）第 223373 号

机械工业出版社（北京市百万庄大街 22 号　邮政编码 100037）
策划编辑：胡晓阳　　责任编辑：胡晓阳
责任校对：王荣庆　李　婷　　责任印制：单爱军
保定市中画美凯印刷有限公司印刷
2024 年 7 月第 1 版第 1 次印刷
147mm × 210mm · 8.5 印张 · 1 插页 · 177 千字
标准书号：ISBN 978-7-111-74281-4
定价：69.00 元

电话服务
客服电话：010-88361066
010-88379833
010-68326294

网络服务
机　工　官　网：www.cmpbook.com
机　工　官　博：weibo.com/cmp1952
金　　书　　网：www.golden-book.com
机工教育服务网：www.cmpedu.com

Growing
Yourself
Up

赞 誉

珍妮·布朗写的这本关于默里·鲍文（Murray Bowen）理论的书非常出色：逻辑清晰、通俗易懂，同时保留了鲍文的分化或成熟理论中涉及的人类复杂性。布朗的案例都是源自真实事件，她还阐明了在生活中与他人建立成熟的关系需要注意的关键点。这本书可以为那些想理解或向他人传达关系（配偶、伴侣、兄弟姐妹以及其他关系）管理原则的人指明方向。每位临床心理咨询师都应拥有这本书，以提供给来访者。

——莫妮卡·麦戈德里克（Monica McGoldrick）

文学硕士，社会工作硕士，荣誉博士

美国新泽西州高地公园多元文化家庭研究所主任

福特汉姆大学社会科学系客座教授

新泽西州立医科大学罗伯特·伍德·约翰逊医学院临床精神病学教授

如果你想在人际关系中追求更高水平的情绪成熟，这本书对你尤为有用。简而言之，这本书思路清晰、见解深刻、令人着迷，值得强烈推荐。

——伊丽莎白·斯科夫龙（Elizabeth A. Skowron），博士
俄勒冈大学咨询心理学与社会工作教授

本书是我推荐给来访者和朋友的首选，这本书可以帮助他们了解更多默里·鲍文的家庭系统理论。珍妮·布朗的文笔通俗易懂，并通过临床案例故事解释一些概念，让读者感同身受。在我被邀请写推荐语的第二天，一位来访者告诉我，她正在重读本书。她说她还给母亲和兄弟每人送了一本，他们俩都读了这本书，读完之后感觉非常受用，即使他们并没有接受心理咨询治疗，也对鲍文理论没什么特别兴趣。大多数关于鲍文理论的代表作品都很学术，并不适合非专业读者，但珍妮·布朗在努力诠释一些比较生涩的概念时，一直很注意保留概念的准确性，不“破坏”它们的原意。她还避免使用专业术语，以免让非专业读者感到费解。我认为，自弗洛伊德博士提出的开创性理论以来，鲍文博士的理论作为最重要的补充，能帮助人们更好地理解人类行为，并且比当今为治疗心理健康问题而提出的许多理论都更准确和实用。通过本书，珍妮·布朗率先将鲍文博士的研究成果普及给了更多人。

——洛娜·赫克特（Lorna Hecht），婚姻及家庭治疗师
加利福尼亚州圣迭戈私人诊所

这本书令人回味无穷，每次重读都能引发全新的思考，有助于读者反思他们在重要的人际关系中为了获得存在感和重视所付出的努力。

——丹·帕佩洛（Dan Papero）博士，社会工作硕士

华盛顿哥伦比亚特区鲍文家庭研究中心

本书是一本智慧之书，构思严谨、富有同情心，读起来毫不费劲。书中的观点能够引起读者的共鸣，它们不是像学术领域的象牙塔那么遥不可及，而是我们早已了然于心的深刻道理。

——保罗·罗兹（Paul Rhodes）博士，

悉尼大学临床心理学系高级讲师

有没有什么不会让人筋疲力尽的领导方法或育儿方法？我应该怎样帮助他人并且不让对方产生依赖性？“有效的帮助”和“无效的帮助”有什么区别？如果你正在为这些问题而困扰，那么这本闪烁着智慧之光的书将为你带来新的思路。在一个超敏感、以自我为中心、过度保护、抱怨和指责的环境下，本书借鉴了默里·鲍文博士的开创性思想，并结合作者丰富的临床经验，打破了阻碍“健康的帮助”的伪装与假象。对我的患者以及我自己而言，这本书犹如一个思想和策略宝库。

——约翰·恩格斯（John Engels）

纽约罗切斯特市领导力培训公司（Leadership Coaching Inc.）董事长

本书为我的毕生发展心理学课程提供了宝贵资源。学生们很喜欢生命周期理论清晰易懂的风格，并从其提供的个人成长中受益匪浅。

——约翰·米利金（John Millikin）博士，持证婚姻家庭治疗师
弗吉尼亚理工学院助理教员

我自己会反复阅读本书并将其推荐给其他人。这本书清晰、实用且引人深思，可供神职人员和其他助人者使用，帮助他们检查自己是否有过度建议或过度纠正的倾向，因为从长远来看这样的帮助是没有效果的。而且，这本书人人皆宜，你一定能从中找到方法，从而更好地承担责任，变得更加成熟。

——玛格丽特·马库森（Margaret Marcuson），领导力教练
《经得住时间考验的领导者：可持续性地管理自我和团队》
（*Leaders Who Last: Sustaining Yourself and Your Ministry*）作者

目　录

第二部分
在人生的上半场变得更加成熟

第三部分
超越原生家庭，成就成熟自我

第四部分

在挫折中成长

第五部分

在人生的下半场变得更加成熟

第六部分

开扩视角

Growing
Yourself
Up

导 言

谁愿意致力于自我成长

通过审视我们的关系互动模式，我们努力提升自身的成熟度，有助于使我们以及我们所在乎的人变得更加诚实、谦逊和健康。

“成熟点儿！”当你受挫时，你曾多少次听过、说过或是考虑过这句话？也许你的父母曾对你或你的兄弟姐妹说过，也许你曾对你的孩子发怒时说过。你是否曾对同事或伴侣产生过这样的想法？也许你的某个兄弟姐妹成年后依然面临着和青春期一样的成长问题，又或许你曾苦恼于孩子长大成人后却不愿意离开父母独立生活。

当你拿起这本书时，可能你想将它赠给那些“真正需要变得更成熟”的人。这可能出自你对他人真正的关心，但问题是，一味关注他人的不成熟会让你意识不到自己的不成熟。我们总以为，如果他人能更成熟些，我们就能继续保持成熟的自我。

当事情失控时，很多人倾向于从他人身上找问题，而另一些人则倾向于从自身找问题。他们会觉得：“我是家庭的累赘”“如果我是个更懂事的女儿 / 父母 / 伴侣，他们就不会这么沮丧”。不论是批评他人还是责怪自我，这种反应模式都无法带给我们持久的成长。那么，我们该如何克服个人成长过程中的这些障碍呢？我们该如何实现真正的成熟呢？

成熟是自我成长，而不是自我抬高

人们习惯于通过放大自身优点与激发潜力来提升自我。你是否注意到，一些建立自尊的方法倾向于鼓励我们的优点，而回避我们不够成熟的缺点？自我抬高容易导致我们贬低他人。如果我们不开心，我们很容易归咎于他人，认为是他们让我们不开心。我们很容易产生一种想法，如果我们可以让身边的人发生改变，或避免与刁钻人士打交道，我们就能更好地发挥潜力。

很多人意识到这种通过贬低他人来抬高自我的途径无法带来持久的稳定性或满足感。每当面临新的挑战时，我们习惯于尝试改变或责怪他人，导致陷入对人际关系感到失望的恶性循环。我们会因为他人对我们试图帮助他们提升自我的努力无动于衷而感到怨愤不已，还可能放弃让我们感到失望的人，就像放弃一双过时的或不合脚的鞋子一样。

如果你倾向于自我否定，常见的自救办法是纠正对自己的消极暗示，用积极暗示取代它们。这种方法短期内有一定效果，但很难长期保持，因为人们总是根深蒂固地认为自己无法满足他人的期望。

人际关系是自我成长的最佳场所

不论是责怪他人还是责怪自我，我们很容易忽视的一点是，我们每个人都是关系系统中的一部分，关系系统深深地影响着每个人的情绪恢复力。原生家庭对我们的成长具有深刻影响，因此，原生家庭关系是最适合我们尝试做出积极改变的实验场所。真正的成熟始于我们学会在关系中审视自我，并认识到问题不仅仅在于个人，也在于与他人的关系系统之中。

在自我成长的过程中，当对关系感到不满时，我们要努力认清自身的问题，这需要我们在关系中承担个人责任，而不是自我抬高。随着我们越来越意识到自己对他人的影响，这个过程会逐渐改善我们的关系中最棘手的问题，以及我们的反应模式。通过审视关系互动模式，我们努力提升自身的成熟度，有助于使我们以及我们所在乎的人变得更加诚实、谦逊和健康。本书讲述了如何建立这种意识并将其中的经验教训付诸实践。这是一本关于自我成长的书，倡导读者将人生每个阶段视为促进自我成长的良好契机。极少有人会意识到成年人可以通过变得更加成熟而获益，但当我们更坦诚地看待我们的关系模式并致力于改变自我时，我们以及我们所处的关系都将因此而获益匪浅。

鲍文家庭系统理论

为了判断本书观点是否值得信赖，我们有必要去了解这些观点的来源。这些观点来自精神病学家和研究者默里·鲍文博士

（1913—1990）的理论，他的理论由大量实证研究发展而来。[1] 鲍文用“自我分化”的概念描述个体在人际关系中不同的成熟度，近些年来，许多研究者认为自我分化的程度与人们的婚姻关系满足感、抗压能力、决策能力以及社会焦虑管理能力等这些与幸福感相关的重要能力息息相关。

鲍文是一名第二次世界大战期间的美国军医，当他看到创伤在精神层面上带给士兵不同程度的痛苦后，他对精神病学产生了兴趣。鲍文的理论具有不可估量的意义，可以帮助我们理解为何不同的人在面对相似的压力时处理方式各异。他最初学习的是弗洛伊德的精神分析学，但他后来脱离了这种理论，因为他发现人们的困境不在于个人尚未解决的心理问题，而在于每个人的家庭系统，即本书重点探讨的关系系统。20 世纪 50 年代，鲍文在美国国家精神卫生研究所（US National Institute of Mental Health）研究了大量家庭样本，他发现，这些家庭管理焦虑的方式与其他物种在群体内外遭遇到威胁时的本能反应很相似。鲍文认为，个人问题和关系问题源自我们面对威胁时产生的过激反应，当家庭或其他群体的和谐受到威胁时，我们就会产生这种反应。例如，我们对家庭分歧的过激反应可能是因为太在乎家族团结，以至于无法容忍观点分歧。又比如，当孩子不开心时，家人的过度保护会导致孩子没有空间独立培养自我安慰的能力。

鲍文的自我分化概念为本书关于成熟的观点奠定了基础。分化的概念比较难以理解，简单来说，分化是指一个人在与他人保持深度联结的同时进行独立思考的能力。分化描述了每个人不同程度的平衡能力，包括平衡情绪和理智的能力，以及平衡情感联结和独立个性的能力。鲍文指出，为了培养更坚强的自我，最佳方法是弥补原生家庭的关系，回避难以相处的家族成员只会让关系问题变得更难处理。

鲍文在精神病学领域可谓独树一帜，他称自己和患者一样，都需要学会解决自我管理的问题。他认为没有人能够彻底实现自我分化，据与他来往密切的同事所言，他只有在状态最好的日子里才会呈现中等程度的情绪成熟度。

鲍文的理论没有聚焦于精神疾病，而是关注对所有人都有影响的关系挑战。该理论着眼于关系系统的整体模式，而不是造成个人关系难题的局部问题。这些理论引导我们站在每个家庭成员的视角去看待世界，而不是凭借主观经验，并且反对我们将人际关系简单看成是受害者和施害者的关系。审视人际关系系统可以让人们不再一味指责他人，从而发现真正的关系力量，指引人们走上适合自己的成长之路。以这种方式看待人生挑战，可以使我们不再一味指责他人，并为我们提供整个成年生活都能受用的成长方法。

成长之路

本书涵盖成年人从离家独立到临终之际的每个人生阶段，各个章节将分别探讨每个人生阶段蕴含的独特机会，分析如何促进更好的自我分化，并在重要的人际关系中成就真正的自我。每一章都包含案例分析，有些案例可能与你的经历有所区别，有些则可能与你的经历如出一辙。也许书中探讨的关系阶段并不适用于你的生活经历，但是值得你花些时间阅读，因为它们可以帮助你看清当下可能面临的挑战，而且可以肯定的是，对你具有重要意义的人也正在经历这个人生阶段。希望你不仅能够认清人际关系中的自我，也能更好地理解关系系统如何塑造他人。

第一部分探讨成年人成熟的基础。从童年开始发展的成熟度有哪些特点呢？本书会教你发现真成熟和假成熟之间的微妙区别，并认识到原生家庭是如何影响你和其他家庭成员的成长轨迹的。作者介绍了一些常见的家庭关系模式案例，帮助你理解父母、兄弟姐妹和自我之间的成熟度差异以及成长的可能性。

第二部分探讨人生上半场的成熟机会。该部分首先介绍了离开原生家庭的过程如何为我们与他人的成熟脚本奠定基础。你会发现许多成长的机会，不论是在单身时，还是在你有了伴侣时(要处理亲密关系中的脆弱性并养育下一代)。

第三部分探讨在家庭关系以外的一些重要工作场合以及信仰发展过程中的成熟方法。你会更好地认识到自己如何将原生家庭中的关系模式带入生活的各个方面，并学会如何基于这些认识成为真正成熟的人。

第四部分会帮助你逐渐加深对关系系统的理解，从而更理智地处理重大挫折和病症，比如离婚，以及抑郁、焦虑。

第五部分回归生命周期，探索人生下半场的成熟机会。迈入中年并日渐衰老会为你带来独特的成长机会，你可以更加明晰自己的原则，让人生变得更完整。到了当祖父母的年纪，危及生命的疾病也会随之而来，针对这个阶段的成熟挑战，该部分通过清晰的家庭系统指南让你能够明智地处理这些问题。

第六部分将更深远的社会影响纳入成长的关注点。其中第 16 章是新增内容，提供了一些指导方法，使助人者能够更好地帮助他人成长，并且不加重求助者对他们的依赖性。在这个部分的内容中，你将学会辨别什么样的帮助才是真正有益的，以及选择心理咨询师时应该注意些什么。本章的前两个模块教你如何避免过度帮忙和站边的弊端。接着你会发现了解人们的关系模式具有重要的价值，这种方法可以培养对促进他人成长有益的洞察力。

根据这些介绍我们可以总结出：努力变得更加成熟，在任何时候开始都不算太晚。本书将会教你如何利用关系模式的知识在不同情形下成为更真实的自己。这样，你会更加擅长分享和倾听，并拥有更加坚定的自我信念和价值观。本书结尾反思了在社会大环境中保持成熟的问题，如果有更多人致力于终身成长，将会为我们的社会带来深远的影响。

直面成熟挑战

毋庸置疑，对成长而言，生活就是最好的老师。每个人生转折点都蕴含着成长的机会，让我们不再意气用事，而是更加明确自己的原则。每个转折阶段都会对我们过去依赖的安全感造成冲击。这些冲击让我们有机会更好地认清自我，了解我们为什么会在某些关系中做出不成熟的反应，并学会在不同的场合更好地管理自我。不同的人生阶段让我们明白，我们不是生活在与世隔绝的独立空间，而是始终处于关系系统之中。人与人之间充满了各种焦虑问题，我们可以超越基因和天性的束缚，寻找如何建立人际关系的线索。

世界上有没有不需要继续成长的人呢？每个人都有优点，这些优点能帮助我们建立信心，被身边的人欣赏。同时，每个人的成熟度大不相同，不同的人在维持健康的人际关系以及承担各种责任方面的能力各有差异。为了变得更加成熟，我们会专注于发扬自身的优点，这似乎是合乎情理的方法，然而，我们可能会因此忽视这种方法对自我及他人的成长产生的不利影响。在关系系统中，我们不希望自身的脆弱会消耗我们保持健康和复原力的能量。

本书首先提出一个问题：你是否愿意重新审视自我的成熟差距，而不是将需要成长的责任推卸给他人？对紧张忙碌的生活而言，这听起来似乎是件苦差事。但是，如果这种努力有可能让你在人际关系中展现一个全新的自我，那么也许值得尝试一番。

第一部分

理解成熟需要的关系基础

Growing Yourself Up

Growing
Yourself
Up

第1章

在人际关系中做自己

> 人们通常只愿意在关系系统认可和允许的范围内做自己。[1]
>
> ——迈克尔·科尔（Michael Kerr），医学博士

> 我们唯一能够改变和控制的人是我们自己。改变自我会让人感到威胁和挑战，因此人们常常倾向于继续保持过去的习惯，要么是沉默退缩，要么就是无效的争吵和相互指责。[2]
>
> ——哈丽特·勒纳（Harriet Lerner），博士

“我的丈夫从来不花任何心思表明他在乎我。”

“我把最好的一切都给了女儿，为什么她就是不能安排好自己的人生呢？”

“我的父母从来没有鼓励过我，如今我正深受其害。”

很多人在咨询室的抱怨或担忧都有一个共同点：都是另一个人的错，如果那个人能够意识到自己的问题，一切都会更好。当我告诉他们，我认为唯一有效的解决办法是想清楚我们应该如何

改变自身的问题时，他们对我的观点总是惊讶不已。我会向他们解释，要想改善一段人际关系，最好的办法是努力理解并调整我们在关系中的反应模式。我认为关注自我是一件非常值得的事情，针对这一观点，他们常常会反问我："这难道不会太自私吗？"还有人会抗议："明明问题不在我身上，是对方不负责，这不是显而易见吗？"

显然，以牺牲他人为代价一味强调自我权利并不具有建设性。试图改变一个不在我们的控制和责任范围内的人，注定是徒劳无功的：我们越是关注他人的缺点，就越容易忽视我们自己在关系中存在的问题。

有的人恰恰相反，他们总是将问题归咎于自身。这种自责是将他人的个人烦恼归咎于自身的一种习得性反应。当关系出现问题时，不论是改变他人还是责怪自己，都是狭隘地将问题集中于一个人身上的表现。当我们对人际关系感到沮丧时，总是容易将问题单方面归咎于一个人，然后试图批评或改变他。任何这种形式的"改变和指责模式"都会让人产生问题已得到改善的错觉，然而当你抽离出来审视现实时，你就会发现这种模式难以让任何人得到成长。

人人都需要在人际关系中变得更加成熟

是否有人真的到达了成熟巅峰？在我自己的生活和多年的咨询生涯中，我还从未遇到这样的人，每个人如果能再成熟一点儿，他们的生活效率和健康状况就会得到改善。甚至可以这样说，如果患者能够首先仔细审视自己的本能反应是如何阻碍他们更有效地解决人际关系问题的，那么他们前来咨询的苦恼便能迎刃而解。成熟稳重的成年人能更好地解决一切问题，不论是关系冲突，还是成瘾习惯、孩子叛逆，或是令人神经衰弱的焦虑问题，他们总能做好自己分内的事，而不是对他人指手画脚，或是等待别人来替他们收拾烂摊子。自我成长的首要问题是：你是否准备好在人际关系中找到自己的不成熟之处？这个问题能让我们认清真实的自我，而不是伪装或膨胀的自我。在关系中认清我们的无效反应模式，并努力改善自我，能够为我们的关系系统带来积极的连锁反应，甚至还能造福后代。

在关系压力下确定我们的成熟度

要想变得更成熟，你首先要确定自己的成熟度。你对自己的成熟度评估有多准确？就我而言，当事情比较稳定且在我掌控之中时，我会表现得非常成熟。但当我的人际关系出现压力时，我的“内在小孩”就会立刻浮现。我可以在大量观众面前自信从容地演讲，然而，接下来的周末，我却在家庭中出现矛盾时失去了说话的能力，于是我意识到了自己存在成熟度不一致的问题。有时候我可以屏气凝神地专注于工作任务，而有时候我却会手足无措，生怕稍有不慎得罪他人。上一秒我还是个像模像样的成年人，而下一秒我就变成了不成熟的小孩。

是让内在小孩浮现还是让内在成人成长

前人已经总结了很多关于如何重新发现内在小孩的方法。也许，寻找内在小孩的迷人之处在于重拾未曾被生活磨难和苦痛侵蚀的童真和脆弱。毋庸置疑，孩童的嬉闹和冒险精神弥足珍贵，值得我们保持一生。然而，孩童的很多特点无法帮助我们渡过难关，或承担责任。治愈童年伤痛引起了很多人的共鸣，但或许我们应该思考如何在不同的人际关系中让内在成人得到一致的成长。

为了更好地理解何为成熟，让我们先来看看孩童的不成熟具有哪些特点。孩童的特点之一是渴望需求得到即时满足。年幼的孩童往往无法忍受延迟满足或需求被拒绝。两岁的孩童希望别人能立即满足他们的需求。这就好比他们想要回到母亲的子宫，与母亲脐带相连，从而确保一切都在掌握之中。孩童一旦需求得不到满足就会情绪爆发。他们想要什么，就一定要立即得到。孩童的愤怒具体表现为情绪失控。在超市的收银台，因为妈妈不给孩子买货架上的巧克力，孩子便情绪崩溃，仿佛世界末日即将来临。他们的歇斯底里和号啕大哭，与引起这种夸张反应的原因相比，完全不合乎情理。

儿童的关系语言

儿童容易被情感驱使，因为他们还不具备运用理性思维去解决人生困境的能力。儿童总是在寻找捷径，他们渴望立即获得舒适、关爱和满足。他们总是向他人索取，而不审视自身的行为。

你是否曾留意一些早熟的小孩在需求被拒绝时的反应？他们会责怪和怨恨他人。我的父亲总喜欢反复讲述我三岁时的糗事，那时的我搜肠刮肚地用有限的词汇量进行言语攻击，以示报复。当父亲阻止我玩他的剃须工具时，我感到非常不满。于是我看着他的眼睛说：“你是傻瓜！傻瓜！你是便便！便便！”因为父亲拒绝让我玩他的刮胡刀和剃须膏，我便用我认为最狠毒的言语攻击他。

儿童还会尽一切努力摆脱不想做的事情。一方面，小孩子不愿意坚持做困难的事情，比如绑鞋带或整理玩具，他们会一直哭闹，直到大人过来替他们处理这些问题。另一方面，如果当下所做的事情很好玩，小孩子不会愿意让其他人来分享他们的乐趣和关注。当他们被要求停止有趣的活动时，他们会非常抗拒。小孩子为了延长自我满足而采取的抗议或拖延技巧总是令人印象深刻。

随着大脑发育，儿童会逐渐变得更懂事，他们会努力适应并融入集体。于是，他们获得舒适的捷径，从得到想要的玩具变成了加入有趣的集体。他们开始想方设法引起别人的关注，并成为某人最好的朋友，当然这种友谊并不稳固。年龄稍大的小孩容易随大溜，他们会为了融入集体而频繁改变自己的喜好。

从儿童身上发现成长的奥秘

儿童的这些特点描述了我们每个人在生活中不同时期的表现。或许你几天前就有过这种尴尬的言谈举止。并非只有小孩子才会让情感主导言谈举止，拒绝忍受延迟满足。实际上，青少年也会有这样的问题。显然，我们都不愿重新发现并助长儿童的自我满足和冲动任性。如果我们认真审视这些情绪化行为，我们会发现，它们对我们自身以及与我们有关系的人都毫无益处。这些行为可能在短期内可以缓解我们的压力，但不能帮我们获得我们理想中的人际关系。

通过儿童对不安情况的反应可以看出，自我成长需要改变儿时的反应模式。成年人孩子气的冲动行为反映了想要保持情绪稳定和理性思考具有挑战性。在人际关系中做一个成熟的成年人的关键在于意识到我们对他人的影响。我们是人际关系中的一部分，我们的反应会促进或阻碍他人的成长空间。

在人际关系中保持成熟的自我应具备的特点

以下要点清晰地概括了在人际关系中从幼稚的孩子变成成熟的自我需要具备哪些条件。

1. 感受你的情绪，但不受其支配；享受延迟满足

调动内在成人需要我们学会如何平息激烈的情绪反应。我们要利用成熟的大脑平息夸张的情感，从而展开逻辑性思考，而不是像孩子一样任由自己被情感和冲动支配。

与儿童不同，成熟的成年人能够延迟满足，吃苦耐劳，保持自律，并忍受偶尔的不愉快，从而承担责任和实现目标。他们不会期待别人满足他们的需求，并且不将自己的期望寄托在他人身上。

2. 努力培养内在驱动力；克制自己不要指责他人

发现内在成人需要我们找到自我价值观和原则，从而在关键时刻管理好自己。

成熟的人能够克制孩子气的冲动，在遭遇不顺时，不随意责怪他人，而是首先反思自我，总结自身的问题，做好自己力所能及的事情，从而促进问题的解决。成熟的人不会随意责怪他人，而是思考自身有待改进的地方。

3. 接受与自己意见相左的人，保持与他人的联结

儿童会拒绝接受与他们意见相左的人，但成熟的成年人能够与意见不一或拒绝合作的人维系关系。成年人不会因为那些使他们感到沮丧的人而封闭自我或疏远他人，他们即使面对分歧也能与人顺畅沟通。

4. 自己的问题，自己负责解决

成熟的成年人与儿童的处事方式的另一个显著区别在于，成年人不会期望他人帮自己解决问题或将棘手的问题推卸给他人。成熟的人不会将自身的责任或不安全感推诿给别人，也不会替他人解决本该由他们自己克服的问题。成年人保持成熟的黄金法则之一是不随意干涉他人的问题，让他们学会自己解决问题。为了避免阻碍他人实现自我成长，我们应谨记这条定律。即使我们可以比他们更高效地完成任务，也不能插手他们的任务，阻碍他们的成长。这不是真正的关心，而是削弱了他们独立解决问题的能

力。那些随便插手别人事务的人，常为了掩盖自己的不安全感，牺牲他人获得成长的机会。他们享受替别人解决问题的成就感，以及别人对他们产生的依赖感。

5. 坚持自我原则

在人际关系中，成熟的人不需要为了融入集体而八面玲珑，人云亦云。即使有压力让他们恢复过去迁就他人的习惯或安于现状，他们也始终能根据正确的信念，坚持自我原则不动摇。

6. 从更大的格局看待问题

孩子不开心时只关注“我”——世界应该慢慢停止运转，以回应“我”的沮丧。成熟的人能够看清他们的观点可能与其他人大相径庭。他们能够抽离自身的沮丧，意识到冲动行事对他人的影响，因为他们是人际关系中的一部分。成熟的人不会歇斯底里大喊“谁为我着想”，而是思考“在关系中我们会如何相互影响”。

* * *

你如何看待真正成熟的人所具备的特点？是否有些特点比较容易做到呢？你最近一次面对紧张状况时的反应是否符合这些成熟标准呢？你认为你能在多大程度上达到内在成人的这些标准？

- 保持情感与价值观相一致。
- 即使遭遇不顺，也能坚守职责。
- 改善自我而不责怪他人。

- 与不喜欢的人保持接触。
- 不期待被人拯救，不过度干涉他人的事。
- 在集体中不人云亦云，坚持自我。
- 超越自我，发现关系的本质。

大多数人在自己的舒适区时能够符合这些标准。当遭遇不顺、感到压力时，我们会恢复内在小孩的部分，从而寻求缓解压力的最快方法。我记得在大学时因为觉得自己像个外来人而感到有压力，于是我开始试着和人气较高的集体打交道，想要融入他们。我很快便改变了自己的立场，从而融入班里的大多数人，我的信仰也逐渐模糊，因为担心他们会反对。在青春期的末尾，为了努力适应大学生活，我的不成熟渐渐浮现出来。

生物学意义上的成长

成长难道不是一件水到渠成的事情吗？在进一步探讨获得关系成熟之前，我们应该思考：随着岁月渐长，阅历渐增，成长难道不是必然的结果吗？的确，我们的成长主要是一种符合生物学规律的必然结果。无须任何努力，我们的身心都会成长；接着，随着岁月流逝，它们不可避免地会开始退化。这是我们无法左右的事情，虽然如今有很多公司宣称能够延缓衰老，然而我们无法阻挡这个进程。

上文中提到的很多儿童行为可以通过大脑发育进行解释。接下来让我们快速地了解一点儿发展神经科学知识。幼儿通过大脑的杏仁核做决定，杏仁核主要作为大脑的情绪中心而存在。这意味着他们的行为主要受到情绪冲动的影响，随着幼儿长大，他们逐渐能够让负责理性思考的前额叶皮质发挥作用。众所周知，青少年只有部分前额叶皮质得到发育，这意味着他们在事情顺利时可以理性思考，但是一旦遭遇高压刺激，便会情绪爆发。

二十多岁时，人们的大脑会提升进行复杂决策的能力，但经验告诉我们，成年人并不总是能够做出明智的决定，尤其是在面临压力的情况下。每天在市场、街道或社群，我们会发现，在被激怒时人们保持理智的能力存在巨大差异。我们在成长过程中面临的挑战之一，是下层大脑（杏仁核）与上层大脑（前额叶皮质）的联系非常紧密，但反之则不然。因此我们很容易被情绪支配，需要付出更大的努力才能有意识地控制焦虑反应。转变大脑“由下而上”的情绪倾向需要我们进行刻意练习，从而塑造“由上及下”的理性大脑。根据神经科学理论，大脑的能力在我们成年后并不是固定不变的，它比我们已往想象中的更加灵活，我们的大脑具有建立新能量和自我修复的非凡能力。丰富的人际关系使大脑变得有能力处理各种社交挑战。这为我们有意识地锻炼大脑能力提供了令人信服的必要条件。童年时期的结束并不意味着一切都已定型，我们神经系统的发展路径取决于我们如何应对压力情况以及如何处理不同的人际关系。

在关系中成长

身体成长无须刻意地努力，但人际关系中的情感成长却是一个截然不同的过程。你是否见过一些年轻人拥有超乎同龄人的智慧？即使面临巨大的舆论压力，他们也能从容地坚持己见。你是否见过一些阅历丰富的成年人表现得像情绪崩溃的两岁小孩？他们的思维被情绪主导，面对问题时表现得极为焦虑，以至于看不清当下形势。就我个人而言，有时候我可以表现得非常成熟稳重，即使在危机情况下也能举止自若、沉着冷静、当机立断。然而有时候我却会冲动行事，辜负自己和别人对我的期望。在不同的情境下，关系条件总是在变化之中，而我的成熟度也会受其影响。

可见，年长者丰富的人生阅历并不能保证他们的成熟度。许多人终其一生都保留着儿时的内心冲动。这本书旨在阐明为什么在人际关系中成长会如此不可捉摸和挑战重重。本书还将解决这个问题：我们如何才能使自己成为更加成熟的成年人。

关系是成长的最佳实验室

如果我们想提高自己离开原生家庭后的成熟度，就需要持续付出有意识的努力。我们要让内在成人得到成长，而不是迎合内在小孩。重要的人际关系是自我成长的最佳场所。在人际关系中，我们可以练习如何充分发挥内在成人的优点，维持重要的情感联结。你能想到比这更合适的场所吗？你是否还记得最近一次的大型家庭聚会？当家人欢聚一堂庆祝重要仪式时，我们需要学会克制自己的夸张情绪反应，还有比这更合适的练习机会吗？

人际关系中的幼稚行为源于我们想要缓解不适感的本能反应。我们在关系中容易感到不舒服的原因有很多，比如不合群，得不到足够的关注，达不到他人的期望，无法帮助他人缓解痛苦等。我现在已经意识到为了缓解不适感所做的努力是多么难以捉摸，以及这些努力对他人和自己的影响。最近，我的大女儿和我诉苦。之前，我看她似乎诸事顺利的样子，倍感欣慰。当她提到之前的痛苦经历时，我的心情突然变得低落。我非常无奈和沮丧，仿佛经历痛苦的人是我自己，而不是她。为了缓解这种不适感，我会给她建议，帮助她解决问题，或者刻意保持距离，敷衍回应并减少联系。我会自欺欺人地认为我的建议或疏远是为了回应她对我的依赖感，然而实际上我只是为了让自己好受一点儿。多年以来，我渐渐学会了更好地识别自己缓解不适感的本能反应。当我和女儿交流时，我会提醒自己在这段关系中做一个真正成熟的人。我没有直接给她建议，而是耐心地询问她正在做的事情，认真倾听她的想法，并分享我的生活。我并没有以母亲的视角对她的情绪感同身受，而是像朋友一样和她深入交流。我把这些技巧也运用到了和丈夫、同事以及其他家庭成员的关系之中。

对“见效缓慢”的方法保持耐心

你现在一定已经发现，这本书不会教给你迅速成长的魔法捷径。本书认为，只要你愿意在不同的关系中坚持审视自我，你就会逐渐减少阻碍你和他人成长进程的不成熟行为。在最近一次心理咨询过程中，一位中年女士精辟地总结：“我曾一度对缓慢的成长失去耐心，而如今我发现拥有更高效成熟的人生就好比进行一场马拉松比赛。”

根据我自身以及身边无数同人的经验来看，世上不存在通向成长的捷径。因此，我们要认清现实，没有人能够一下子彻底改掉所有不成熟的缺点。但是，假如你下定决心要变得更加成熟，而不是继续将精力放在他人的过错上，那你就要振作起来，努力改善自己。

还有一种有效的方法就是思考你想要变得更加成熟的动机。如果你努力成熟的动力是得到他人的崇拜，在人际关系中满足自我欲求，那么你很有可能会继续被内在小孩支配。反之，如果你是为了在重要的人面前展现最好的自己，并使身边的人在你的影响下变得更加成熟，那么你可能会获得更自由的成长。

思考问题

在什么关系场合下，你的内在小孩会浮现？

- 你希望具备以下哪些内在成人的特点？
  - 避免夸大情绪。
  - 严于律己，而不是责怪他人。
  - 即使观点不同，也能相处自如。
  - 对自己负责，不随意干涉他人的责任。
  - 坚持自己的价值观，即使不受欢迎。
  - 在人际关系中超越小我，保持更大的格局。
- 你是否打算解决自己在人际关系中的不成熟问题？
- 当你在思考这些问题时，可以参考附录C。

Growing
Yourself
Up

第2章

真成熟还是假成熟
如何辨别

人们常常会“假装”表现出一种他们尚未达到的成熟状态。在某些情况下，他们会假装比真实的自己更成熟或更幼稚。[1]

——默里·鲍文，医学博士

假自我（pseudo-self）就像一个演员，扮演着不同的自我角色。他可以假扮成各种各样的自我，比如假装成更重要或没那么重要的人、更坚强或没那么坚强的人、更有吸引力或没那么有吸引力的人。[2]

——默里·鲍文，医学博士

在努力变得更成熟前，我们应该意识到自己有可能在人际关系中假装成熟。我们在人际交往过程中，或多或少都会有点儿假成熟。我们总想弥补自身的不成熟，这种不成熟源自家族几代人的焦虑与敏感，我们希望尽可能使其不为人知。有时候，由于我们展示了最自信的自己，我们的弥补行为会使我们看起来令人印象深刻。这种假成熟并不总是毫无用处，因为它使我们能够直面生活中的许多挑战，并激发我们的潜能去战胜挑战。这种“即兴成熟”是一种适应性优势，但它也可能是一个陷阱，让我们对自身的成熟度产生不切实际的看法。我们可能会因此无法实事求是地看待自己，错失改善自身不足的机会。

测试一个人的内在成熟度的最佳办法之一是观察他的成熟特征是否体现在生活的点点滴滴之中。一个真正成熟的人能够在所有人际交往情景下（不论是在工作场合，还是在与孩子、伴侣、朋友、社群或每个原生家庭成员的相处过程中）做到以下几点：

- 让我们的情感符合我们的原则。
- 即使遇到障碍也要坚持完成任务。
- 努力提升自我，不责怪他人。
- 接触与我们意见不一致的人。
- 不依赖他人帮我们摆脱困境。
- 避免掌控他人。
- 不为迎合大众而改变自我。

上述成熟特征不仅仅应该体现在我们生活中比较轻松的场合，还应体现在更紧张或远离公众视野的场合。要想获得真正的成熟，我们需要克服不同生活场合中的不成熟倾向，不论是在家，还是在公司、社区或家族，甚至是堵车的时候。

杰瑞不一致的成熟度

很多人在公共场合表现得非常成熟，却在家庭生活中难以摆脱不成熟倾向。杰瑞就是一个典型例子。由于饱受妻子离他而去的痛苦，他前来寻求心理辅导。他们结婚30年，育有4个小孩（现均已长大成人），现在却迎来了这场婚姻危机。

杰瑞带着些许惊愕说："我一直都是个乐天派，相信自己不会遭遇任何不幸。遇到问题时，我总能想办法挺过去。但是我不敢相信莎莉竟然拒绝回来挽救我们的婚姻。"

目前的处境下，杰瑞感到非常痛苦和无助。莎莉说她早就已经放弃了这段婚姻，这些年她只不过是为了孩子们的稳定成长而委曲求全。杰瑞恳求莎莉给他机会挽回他们的婚姻，结果莎莉坚决表示为时已晚，她对这段婚姻已彻底心灰意懒，这让杰瑞陷入绝望。当他试图挽救这段婚姻时，却发现自己毫无选择余地，他感到崩溃难忍。他绝望地问："她怎么可以如此对我和我们的孩子？难道她不知道这对我们以及我们家庭的名声是多么大的伤害吗？她至少应该提前给我一些暗示！"

当杰瑞开始反思自己的丈夫角色时，他才意识到原来自己很多时候忽视了妻子的感受，总认为她的付出是理所当然的。杰瑞面临的最大的难题在于，虽然他深知一段好的婚姻需要定期的交流、和谐的性生活，还要共同管理家庭和养育子女，然而他的行为却与自己的信念背道而驰。作为一名律师，他的卓越才能备受人们崇拜。这些年来，他曾帮助许多年轻同事处理他们的婚姻问题，甚至还传授经验教他们如何保持工作与生活的平衡。

当杰瑞从情感打击和自我否定中抽离出来时，他开始自问："为什么我在帮助他人处理婚姻问题时很明智，而面对自己的婚姻关系时却一筹莫展呢？"

杰瑞出现了成熟度不一致的情况，他在公共场合展示的成熟人格，未能在他人生中最重要的一个方面转化成深刻的人生原则。现在才意识到这一点令他心碎不已，婚姻危机中的他如今似乎已无力回天。当然，莎莉也有许多不成熟之处，导致她没有及时反馈对婚姻生活的不满。杰瑞只注意到妻子的过错，但经过反思，他承认这样做对解决自身不成熟的问题毫无意义。

这种在不同场合呈现出不一致的成熟度的问题，杰瑞并不是个例。他知道如何在某些生活情境下承担责任，却忽略了自己在其他重要场合的责任。他在人前总能做到不辜负他人的期望，这使他形成强大的外在人格；然而不在人前时，他却无法找到追求个人价值的动力。**他的行为更多时候是由当下的回馈与舒适感驱使的，而不是由他认为能够带来持久满足感的重要事情所驱使的。**

停留在人际关系中的不舒适区

每个人或多或少都有和杰瑞类似的问题：个人理想与现实生活的不一致。我们很容易专注于做一些能够立即获得认可的事情，忽略我们需要面对的来自他人的反驳或挑战，而不是解决自身不成熟的问题。通过这样的方式，我们从人际关系中借用一种假成熟，使我们的言谈举止合理化，而不去提升我们的内在成熟度、在生活的各个方面成为更平衡和富有责任心的人。我们总是容易被那些崇拜自己的人所吸引，不敢轻易暴露自身的弱点，并与那些让我们感到难以相处的重要人物保持距离。我们总是不由自主地选择回避紧张，停留在能够从他人那里获得正能量的舒适区中，但这种选择会限制我们和他人走向真正的成熟。

要想在一段关系中保持独立的自我，我们要不断忍耐冲突和反驳。这很难做到，我们很容易会放弃努力，继续被更舒适的关系所吸引。在一段关系中保持坚定独立的自我，不刻意迎合他人，并不意味着我们要变成目中无人、狂妄自大、顶撞家人的叛逆者，我们不应将二者混为一谈。放弃对“集体认同”（togetherness approval）的欲求，完全不同于放弃与他人保持情感联结。

“借用”成熟

当依赖于假成熟时，我们会迎合别人对我们的期待，或者反抗别人的期待对我们造成的压力。满足他人期望或与他人期望背道而驰都是在人际关系中“借用”成熟的表现。真正成熟的成人在表达自己时，不会因他人的认同或反对而改变自我。

我很快就回想起，在成年初期，我便是这样从他人关系中寻找自我存在感的。那时，我是母亲的支持者和知己，我在这种家庭角色中找到了自我。之前，我一直都是母亲的担忧对象，她总是很担心我的健康问题。但随着她将注意力转移到其他兄弟姐妹身上，我发现了自己对母亲的重要性，这让我感到自信，于是我将这种自信转化成了在外部世界里的领导力。当我开始在学校取得优异的成绩，并担任学生干部时，我感受到了父母以我为傲，我很享受这种认同感以及这种家庭地位带给我的稳定影响力。在这个阶段，我从父母倾注在我身上的自豪感中借用了假成熟。家庭系统理论认为关系双方会相互影响，这让我意识到一个重要的事实，那就是我的父母通过他们爱我的方式，也成就了一部分的自我。

父母对孩子的成就做出的反应总是让孩子欣喜不已，这本来无可厚非，但如果孩子通过这种方法寻找自我存在感，他们会越来越无法淡定地应对无人称赞的情况，而且还有可能会争强好胜，从而有可能从领导地位中获益。“在关系中借用成熟”会损害某些家庭成员的地位，导致他们没有足够的成长空间，无法通过处理各类问题锻炼自己灵活应变的能力。我二十多岁时选择了继续在大学深造。那时候我在攻读法律学位，但我发现自己和身边的同学格格不入。随后我转到了社会学研究，发现这个领域更适合我。我当时完全没有意识到，我先前选择专业时不是基于对人生和职业目标的思考，而是被别人的观点左右。我因为身边圈子的影响选择了法律专业，又因为想要学习更熟悉的领域而转到了社会学专业，从始至终我都没有慎重考虑过自己的职业规划。社会学带给我的好处不仅仅是一种职业选择，在某种程度上更是一种情绪反应。我最终找到了一份适合自己的职业，就像我在原生家庭中扮演的角色一样，取悦和帮助他人。

大部分时候我只是表面上成熟，这取决于我是否能够满足身边的人对我的期望。有时候，我可以像变色龙一样随机应变，在不同的场合下游刃有余，机智地保护自己，不过分沉溺于脆弱情绪。有一些人为因素，比如生孩子，充分促进了我的成熟，但我还是会在紧要关头陷入崩溃。33 岁时，我的成熟“人设”彻底崩塌了，因为我的父亲去世了。21 岁时我的母亲因乳腺癌去世，那时候我主要通过与未婚夫的关系化解悲痛，不至于彻底崩溃。12 年后，在父亲离世时，失去以我为荣的至亲的悲痛，让我感受到了沉重的虚无感。当时我即将研究生毕业时（但我觉得这种学业成就毫无意义），我意识到了自己浮于表面的成熟。我努力成长完全是为了满足父母以及像他们一样的其他人对我的期望。我的成熟建立在他人对我的认同感上，发现这个事实后，我意识到自己离真正的成熟还相去甚远。

虚张声势

当我们依赖于借来的成熟时，我们常常可以独当一面，但我们需要集体认同感。当弱点被发现时，我们很容易对自己解决问题的能力感到灰心丧气。假装成熟的成年人很难脱离集体步调去表达自我。不过，虚张声势的叛逆者是例外，他们不屑于取悦他人，而是通过反叛和破坏和谐寻找存在感。很多人故意站在父母的对立面，和主流观点唱反调，以此建立假成熟。正如有些人会不假思索地随波逐流一样，叛逆者也会不假思索地“斩断关系”。他们叛逆是为了获得归属感（归属于某个叛逆群体），就像随大溜者渴望集体和谐一样。

“表面成熟”的成年人检查清单

人们很难认清自我的虚假成熟。这种假成熟自然而然地成为我们为人处世的一部分，我们很难看清假成熟如何让我们和他人感到失望。如果想要认清假成熟，看看下面的检查清单。它概括了假成熟的主要特点，并与真正的内在成熟——而不是通过他人的认同感或反驳他人建立的成熟——进行对比。

- 你的知识和信念来源于他人而不是自我思考。在压力下，生活准则会变得随意，因此不具有一致性。
- 当关系不稳定时，信念和价值观随之快速改变。改变自我价值观以改善在他人眼中的形象或反驳他人。
- 在形成观点时，感觉比思考重要，他们表达观点时总是伴随着夸张的肯定、服从的随大溜或叛逆的反对。
- 表面成熟或多或少带一点儿虚假成分：比我们真实的自我看上去更成熟或更优质，更聪明或更愚钝，更坚强或更脆弱。
- 表面成熟是为了寻求极致的和谐，或张扬的个性。
- 压力太大时，我们的表面成熟会通过讨好他人或疏远他人来缓解焦虑。
- 当成熟只是浮于表面时，我们的举止会变得冲动，以减少紧张情绪带来的不适感。

“内心成熟”的成年人检查清单

这份检查清单概括了真正成熟的人所具备的特质，他们不会通过别人的认同或反对来借用成熟。

- 内心成熟的人拥有坚定的信念，这种逐步确立的信念只能由内而外发生改变，不会因为关系压力而轻易动摇。
- 他能够条理清晰地表达观点，既不武断专横，也不闭目塞听。
- 他能够在保持独立自我的同时，主动维持与他人的亲密关系。
- 面对高压，内心成熟的人能够从容地与人相处并能表达不同的观点。
- 他能够忍耐自己和他人的紧张情绪，不会为了缓解这种情绪而冲动行事。
- 当关系出现问题时，他能够反思自我的问题以及自己能够做好的部分。
- 他能够对自己负责，解决自己的焦虑，而不用替他人的情绪负责。[3]

当我看到这个清单时，我感到震惊和羞愧，因为它暴露了我的不成熟。如果你看到这里打算合上这本书，请务必记住这个“内心成熟”的成年人检查清单所概括的只是一种理想状态，即使是最成熟稳重的成年人也无法全部满足。大多数人能够意识到我们自身真真假假的个性特点。区分真自我和假自我有助于我们更实事求是地评估自己的成熟度。这种反差可以帮助我们审视人际关系中的自我，从而思考有待改善的地方并明确我们的立场，让我们在强势的关系中保持清醒和坚定。这样我们就可以逐渐认清自我的习得性懒惰以及对不和谐关系的恐惧。

原生家庭是解决我们成熟度不足的最佳场所。这并不意味着我们要一味责怪父母，而是意味着我们要体会他们和我们相似的痛苦。认识自我及原生家庭是让内在成人更好地成长的绝佳方法。

思考问题

- 你在生活中哪些方面表现得最成熟？你是如何在这些领域依赖于他人的认同感的？
- 你在生活中哪些方面表现得最不负责？你应该从哪些方面努力成为更成熟的人？
- 你在什么时候会察言观色，违背自己的意志行事？

Growing
Yourself
Up

第3章

家庭关系羁绊

认识原生家庭

> 了解一个人的原生家庭能让我们明白家庭中没有天生的天使与魔鬼：他们都是普通人，都有自己的优点和缺点，每个人都是根据当下的情绪做出反应，每个人都在自己的人生轨迹上拼尽全力。[1]
>
> ——默里·鲍文，医学博士

> 如果你无法与原生家庭保持情感联结，你会失去一些重要的东西，那是一些即使是爱人、孩子、朋友和事业也无法替代的东西。[2]
>
> ——莫妮卡·麦戈德里克（Monica McGoldrick），博士

你如何看待原生家庭对你的成熟度的影响？父母在我们童年时期对我们的抗议和需求的回应方式决定了我们内在成人的成长空间。

让我们不妨试着通过家庭动力学中的一些影响因素，来帮助理解父母与孩子之间的相处模式对孩子成长的影响。如果你是父

母最关心的孩子，每当出现问题时，他们都会帮你排忧解难，久而久之你会习惯这种情感模式。结果，你会本能地期待或要求他人帮你解决问题。如果父母一方或双方总是关注你的缺点或不足，你很可能会习惯被放大的批评和纠正，并逐渐对这种过度反应感到习以为常。如果父母一方在你小时候耍脾气时心软妥协，你会越来越难以摆脱这种以自我为中心的习惯。如果父母一方总是在婚姻不和或感情疏远的时候向你诉苦或依赖你，你很可能会习惯为别人出主意，却不习惯听从他人的建议。如果父母一方为了自己的安全感很夸张地称赞你的成就，让你成为焦点，你成年后很可能会无法忍受不被器重的感觉。

并不是说是父母造成了我们的缺陷，而是我们回应他们的方式使这种循环模式得以持续。父母回应我们的方式，和我们本能地回应他们的焦虑反应的方式一样，都是日积月累养成的习惯。我们从父母的婚姻相处模式中获取的能量也是这种影响循环的重要组成部分。每个家庭都有世世代代继承下来的关系模式，这是家庭关系赖以生存的基础。亲子关系只是庞大的家庭关系网络中的一个小分支，这种关系网络涉及好几代人，还包括与祖父母一辈打交道、稳定婚姻关系，以及和外界的亲朋好友保持联系等一系列事务。

兄弟姐妹对家庭的感受各不相同

了解同一个家庭中的兄弟姐妹在成长过程中的不同经历可以帮助我们更好地理解原生家庭给我们带来的影响。你是否考虑过由于父母的关注程度和语调的不同导致每个兄弟姐妹对家庭的感受各不相同？有的孩子获得了适度的关注，他们合理的需求也得到了满足，而有的孩子得到的是夸大的正面或负面关注。从这个意义上而言，我们和兄弟姐妹的成长经历以及对父母的感情各不相同。

我们得到的关注度也许与我们在兄弟姐妹中的地位有关。如果你是老大，你很可能会因为认真负责而获得称赞，这意味着你在成长过程中会倾向于勇往直前，积极充当领导者的角色，从而获得他人的称赞。如果你的姐姐或哥哥总是不让父母省心，那么你很可能会成为一个更顺从并且努力不让他人失望的人。如果你是家中最小的一个，你很可能会习惯被宠溺和引导。如果你总是被当成家中的宝贝，你很容易期望他人以你为中心。对于家中最小的孩子而言，他们可能最缺乏决策能力和主动性。独生子女则有利有弊，因为他们会获得父母所有的关爱，为父母所担忧。他们可能更希望获得上司的关注，一旦得不到这种关注，他们就会感到人生迷茫。

家庭成员的角色不是一成不变的。父母在自己的兄弟姐妹中的角色会影响他们与孩子的关系。了解这些影响的好处在于，你不会对每个兄弟姐妹抱有与自己一样的期望。每个家庭成员的成长之路都与你不同。

不要责怪父母

当你开始考虑家庭往事时，你可能会责怪父母。在指责父母之前，不妨停下来考虑一下他们在家庭中的处境：他们与他们的父母的相处模式是如何影响他们的成长轨迹的，以及他们的家庭面临着什么样的挑战。这样有助于你将父母视为普通人，而不是轻率地给他们贴上圣人或恶人的标签。大部分父母对孩子的反应模式都源自无意识的、缓解自身不安全感的需要。我们的父母在其原生家庭中培养了一定程度的对于沮丧、争执、牵连和需求的忍耐力，并将这种忍耐力带入了他们的婚姻和亲子关系中。在成熟面前，我们每个人，包括父母，都没有发言权，因为我们都是世世代代的家族遗传下来的一部分。

格雷格的故事

格雷格来咨询是为了克服他的“承诺恐慌症”。走进我的办公室的时候，他有点尴尬，因为此前他从未接受过心理咨询。他高大的身材和笔挺的西装很好地掩盖了紧张感。他说 44 岁时，交往多年的女友凯里对他感到失望，因为他迟迟不肯求婚。这不是他第一次遇到这种问题，此前他也因为不肯考虑结婚而让女友失去耐心：因为这个问题，他很痛苦地结束了两段持续多年的恋情。格雷格不知道自己还能不能在感情中变得更加成熟一点儿。他说自己其实也想结婚生子，而且他想到失去凯里就焦虑不已。

他说：“恋情开始时我总是充满热情，但过不了多久我就会在女友身上寻找各种缺点。我到底是怎么了？”

我问他怎么看待自己不肯求婚的原因。他回答说：“我就是无法确信和凯里结婚是否一定会幸福美满。”

格雷格意识到他对婚姻的焦虑并不只是凯里的原因。一位朋友曾告诉他，他对婚姻的恐慌可能源自小时候被母亲抛弃的经历。他讲述了从别人那里听来的事情经过。在他一岁的时候，母亲曾将他寄养在阿姨家整整两周。在朋友的建议下，他向母亲袒露了自己的心事，告诉她这件事对自己造成的阴影。母亲的反应充满了愧疚，她说那时候她对一个患有疝气痛的宝宝感到束手无策，而且丈夫未能给予她支持。她自我辩解道，当时那样做的原因是医院的护士说分离几周也许会有改善。当格雷格回忆起这段与母亲分离的经历时，他不太相信这段经历会影响他的成长轨迹。他说：“我无法想象与母亲分离两周的经历，真的会导致我对结婚感到恐慌，况且我根本不记得这件事。我不相信我对婚姻的恐慌与儿时的伤痛经历有关。”

看到这里，我们很容易会将格雷格的问题归咎于他的父母。他对婚姻的恐慌可能源于对再次被抛弃的恐慌。但这种简单的因果关系无法为格雷格提供继续成长的空间，也不利于他想清楚自己应该如何改变与父母的相处模式。在我们努力保持成熟理性，反省自身，而不是责怪他人时，将当下亲密关系所面临的问题归咎于过去的某一件事，显然是徒劳无功的。

问题不在于疏离而在于过度紧密

格雷格克服了将问题归咎于童年经历的倾向。他开始用更开阔的眼光去审视自己的成长经历。

我问格雷格："提到父母的关系，你会想到什么？"

他说："他们的婚姻非常不幸福。他们在一起45年了，我不知道他们是如何走到今天的。我的母亲总是抱怨父亲辜负了她的期望，诡异的是，我从没见过他俩吵架。"

"你能不能举几个例子，说说你和父母的相处方式？"我问他。

格雷格回忆道："我记得母亲总是和我聊天。我很少看到父亲陪伴她，她一定非常孤单。大部分时候，我很享受被她重视的感觉，但长大以后，我开始感到不太舒服。我和母亲的关系依然很亲密，但我也很厌烦她过度依赖我。"

"你和父亲关系如何呢？"我又问他。

格雷格继续说："我们父子俩待在一起总是很拘谨和疏离。他总是在忙着工作，这让我怨恨不已。我的妹妹维罗妮卡和父亲关系更好，但她和母亲关系不太好。她念高中的时候，母亲总是因为她那些狐朋狗友以及她夜不归宿的事和她争吵。有趣的是，我从来没给父母惹过麻烦。维罗妮卡刚好相反，她很叛逆。她很早就搬出去住了，至今仍然是有多远就住多远。但我恰恰相反，我从来没有搬出父母所在的郊区。"

发现关系问题的症结所在

几个月后，格雷格试着去了解一些父母年轻时的故事。他还试着对他们敞开心扉，讲述了他正在经历的事情。格雷格发现，和其他年轻人一样，他的父母在初为父母时，都曾对彼此感到没有安全感。听他们讲述自己适应新责任的经历，格雷格意识到他的母亲通过儿子来转移注意力，弥补婚姻中日益强烈的疏离感。同时，他还发现父亲通过疏远母亲从而避免让她失望来缓解自己的紧张不安。

格雷格发现母亲对他的重视一方面让他感到窒息，另一方面也让他对此产生了强烈依赖性。多年来，他总是用他的幽默风趣吸引母亲的注意力，为她排忧解难，从而增进母子间的感情。格雷格这种依赖又压抑的矛盾心理使他在亲密关系中也总是自相矛盾，以至于他没有形成独立的自我。

保持平衡

格雷格家的关系模式和问题是众多家庭的问题的缩影。格雷格和每个家庭成员都在努力寻求一种平衡，既渴望亲密的情感联结，也需要独立的个人空间。要想成为真正成熟的成年人，关键在于维持这种平衡，既能保持独立的自我，亦能维持亲密的关系。当一些家庭成员渴望变得更亲密，而另一些却努力保持独立时，每个人的成长进程都会受阻。格雷格父母的婚姻关系以及格雷格和女友凯里的关系均体现了这种常见的“追求和退缩”模式。成熟的人懂得如何维持舒适的关系，既能主动增进情感联结，也能保持独立的自我。

当家庭成员难以应付过于疏离或过度亲密的关系时，他们常常会放弃成长，通过投入第三方关系来获得满足。这正是格雷格的母亲采取的方法，当她无法从丈夫那里获得足够的亲密度时，她选择了与儿子建立情感联结。格雷格的父亲也促成了这种三角关系，因为他很享受这种疏离感。当他发现妻子的注意力都放到了儿子身上，他不必再因为担心辜负妻子的期望而惶惶不安，他如释重负。

三角关系：简单的迂回方法

学会识别三角关系是避开不成熟陷阱的最有效办法之一。三角关系中，双方的紧绷关系可以通过第三方的介入得到缓解。很多家庭正是通过这样的方式维系和谐关系，第三方的参与或介入可以帮助他们缓解紧绷关系。但这样做的弊端在于，关系双方的问题没有得到解决，而且他们的关系压力会成为家庭中第三方的负担。格雷格在他们家发现了这种三角关系，他的母亲通过关心儿子以缓解婚姻关系的压力。格雷格意识到，在父母互相疏远的关系中，他成为母亲的盟友，这种家庭地位对他成年后的待人之道具有决定性作用。

格雷格认识到了自己在父母婚姻关系中充当着第三方的角色，这促使他理解并懂得如何去解决他与凯里的问题。当他意识到自己在这段三角关系中的位置后，格雷格立刻停止向其他人诉苦，而是直接和凯里沟通他的心理障碍。起初他非常担心这种面对面沟通的方式会破坏他和凯里的感情，但格雷格逐渐明白了打破过去习惯的重要性，他不再坚持在原生家庭里养成的处理感情问题的习惯。格雷格认清自己在亲密关系中的反应模式后，他不再像从前那样那么畏惧婚姻。格雷格向凯里求婚成功后，他和我反馈说："我不再需要确认凯里是不是完美伴侣，因为我有信心应对未来的艰难险阻。我可以在这段感情中做更好的自己，这让我对我们的未来充满信心。"

识别三角关系问题

了解三角关系的形成方式，有利于我们认清自己在关系中的立场，因为我们容易干涉或插手他人的问题，而不解决自己的问题。当我们开始考虑支持哪一方，或是另外两个人一致将注意力转移到我们身上时，就意味着我们介入了一段三角关系。对我们影响最大的三角关系通常存在于我们和父母的关系之中。此外，我们与父母一方、祖父母一方，或与父母一方、兄弟姐妹之一也可能形成这种三角关系。我们可能充当着父母一方的盟友，认为他们没有被另一方善待；我们也可能充当着拯救者或调解者，不得不兼顾双方的需求；我们还可能充当替罪羊，为另外两个人提供了团结一致的理由，从而改善他们的关系。如果你的父母将你视为替罪羊，那么你面临的成长挑战是表明自己的责任范围。如果你是某个家庭成员的盟友或拯救者，你需要解决的成长问题可能是学习如何经历和表达自己脆弱的一面。

家庭中的三角关系不太容易被发现，因为它们通常只有在压力增加的时候才会显现出来。试着回想那些家人不和谐的时刻，或父母对亲密度、个人空间的需求增加的时刻。通常情况下，当关系需要调整，比如有新的家庭成员出现，或有家人即将离开家庭时，三角关系就会浮现。这种时候你会靠近或疏远谁呢？你是否曾体验过格外强烈的顺从、叛逆或依赖？

越是了解三角关系对你的影响，你就越能认识到你是如何助长他人逃避他们应该解决的关系问题的。

鲍文家庭系统理论概述

本书大量引用了鲍文的家庭系统理论，以帮助读者理解各个家庭的共通之处，那么让我们一起来简单了解何为家庭系统理论吧。你会发现本书将用通俗日常的语言来阐述和解释相关理论。

鲍文通过研究自己的几代家人，发现那些具有严重精神病症的家庭成员会采取相似的应对方式。他注意到在亲密关系中有两种力量驱动着人们的可预见的行为模式：渴望凝聚的力量和渴望独处的力量，这两种力量对每个人而言都必不可少。鲍文的核心理论主要探讨家庭成员为避免失去和睦关系所采取的反应模式，并解释了不同家庭和个人应对人生挑战的区别。这些核心理论包括如下内容。

三角关系：两个人的紧绷关系通过第三个人的参与或介入得到缓解，例如妻子向朋友而不是丈夫倾诉婚姻苦恼，或父母一方和孩子而不是伴侣讨论育儿烦恼。

自我分化：家庭成员保持自我的程度——保持自我个性，同时和亲朋好友维系良好关系。

融合：自我分化的反义词，个人为了维持和睦的家庭关系而失去自我。

核心家庭情感模式：概括了三种情感互动模式，这三种模式可以帮助一代人减轻个体在家庭关系中的不适感——冲突和疏远模式、伴侣间的跷跷板模式和将焦虑传递给孩子的迂回模式。

家庭投射过程：描述了成年人将自己的不安全感投射到子女身上。

代际传递过程：描述了父母的焦虑不会均等地传递给每个孩子，因为他们对孩子的关心程度有所区别。

情感隔离：家庭成员常常采取这种方式疏远家人，从而减轻在关系中失去个性的感觉。

同胞兄弟姐妹的排行位置：根据鲍文的理论，个体在同胞兄弟姐妹中的排行位置，关系着他对关系的敏感性。

社会退化过程：家庭系统中的焦虑模式同样也存在于更广泛的社会体系中。综上所述，在人生这场即兴演出中，每个人都是庞大的演出团体中的一员，人们通过情感互动，来揭开一幕幕故事情节。

如果我们想从家庭系统的角度看待问题，就需要改变“因果关系”思维，从而看清每个人的冲动行为都是反应电路的一部分，像电流一样流动于关系之中。人际交往仿佛某种舞蹈，每个人在关系中凭直觉配合对方的舞步。人际关系中的这些情感和行为模式决定了每个人的成长轨迹。因此，要想在原生家庭中认清真正的自我，我们需要坦诚面对自己对待他人的情感反应和行为模式，并觉察这种模式如何影响着他人对待我们的方式。值得期待的是，从关系系统的角度来看，改变情感反应和行为模式最终会改变整个关系系统的互动模式。这就需要我们在面对他人的焦虑时，坚持改变自我的原则。这样，经过一段时间的努力，我们就能为自己以及亲朋好友带来积极的影响。

学习该系统理论有助于避免无益的指责

本章开篇提醒大家不要将自己当下的烦恼归咎于他人。如果我们想成为更成熟、更了解自我的人，这一点尤为重要。当我们责怪他人时，我们会忽视自身的缺点，进而导致我们的成长进程止步不前。

我们越了解家庭中代际传递的行为模式，就越能减少将问题归咎于父母一方的狭隘倾向。我们没有必要去赞赏所有父母的行为，但我们可以学着更好地理解促使他们采取某种管教模式的成长环境。当我们对家庭成员的看法脱离恶人、圣人或英雄等狭隘标签时，我们会变得更加成熟，因为我们不再孤立地看待家人的行为模式。我们对祖祖辈辈的家人了解得越多，我们得到的成长力量也会越多，家人能为我们的成长带来充沛的资源，而不是一种负担。

思考问题

- 你和父母是如何相处的？这种相处模式对你的待人之道有什么影响？
- 父母的哪些成长经历有助于加深你对他们的理解？
- 你处于什么样的三角关系中？你在家庭中扮演着什么角色？当父母关系不和时，你是否充当着其中一方的支持者？你是否和父母一方更亲密，而与另一方更疏远？哪两个人会同时关心或担心你？你是否会和第三个人诉苦？

第二部分

在人生的上半场变得更加成熟

Growing Yourself Up

Growing
Yourself
Up

第4章

离开父母的庇护，独立成长

走进广阔的天地

> 离开原生家庭的人和从未离开原生家庭的人一样有情感依赖性。他们都需要情感上的亲密，但对此感到排斥。[1]
>
> ——默里·鲍文，医学博士

> 离家独立是年轻人结婚前的重大转折点。它就像指纹一样，可以反映家庭系统处理关系转折的方式。[2]
>
> ——贝蒂·卡特（Betty Carter），社会工作硕士

我们从依赖父母到离开父母开始自食其力所经历的转折期，可能是人生中最重要的成长阶段了。年轻人和他们的父母在这个阶段向对方表达自我的方式可以反映出他们的成熟度。

在健康的离家独立过程中，父母和孩子可以在相互联结与独立之间保持合理的平衡。要想成为成熟的成年人，关键在于坚持

独立思考和维持情感联结的平衡。年轻人和父母可以开诚布公地讨论离家计划，并在对方感到艰难时表达关心和支持。多年来，他们一直在努力变得更加独立。父母克制自己替孩子承担成长责任的能力，以及构建能够满足双方需求的成熟关系的能力，对年轻人顺利度过这个转型期至关重要。

更成熟的年轻人往往不会期望让父母或他人帮他们解决经济问题，而是提前做好准备，独立解决问题。他们可以向父母寻求帮助，以满足特殊的住房需求。如果父母不愿意按照他们的期望提供帮助，他们也可以耐心倾听父母的反对意见。成年子女和父母能够定期保持联系，分享彼此的生活见闻，但不拿自己的难处麻烦对方。他们可以在事业和人际关系问题上询问彼此的意见，但不干涉对方的选择。年轻人尊重父母的影响力，并乐意听他们分享年轻时背井离乡开始独立生活的故事。

更成熟的父母能够意识到，他们在子女背井离乡时表现出的紧张不安很有可能会给孩子的成长转型带来压力。他们会小心地避免过度夸张的反应和担忧。有的人在离开父母开始独立生活时，经历了很多挣扎和困惑。当为人父母后，他们就能更驾轻就熟地帮助孩子顺利度过离家独立的转型期。他们年少时曾经因为对父母坦诚或对父母倾诉太多而挣扎不已，或是迫不及待想要逃离父母的监护，回想这些经历，看着他们自己的孩子如今也在努力融入成年人的世界，他们就能更好地理解这些反应模式会对自己的关系产生什么样的影响。在孩子即将离家独立时，如果父母觉察到了自己的一些夸张想法和情绪，他们可以试着转移注意力，专注于自己该做的事。这样可以极大地减轻他们和子女的沟通压力，使得子女能更心平气和地认清自我。

在逃离和依赖之间摇摆不定

离家独立的反面案例揭示了年轻人在这个阶段面临的主要成长障碍。一方面，有的年轻人会远离父母，或与家人决裂。另一方面，有的年轻人却始终离不开父母的认可和支持。那些迫不及待想要与父母划清界限的年轻人，由于不懂得如何成熟地处理与父母的关系，可能会因为与父母太难相处而焦虑不已。在与他人相处时，他们很有可能会难以表达自己的真实想法，而且还会刻意疏远他人，以缓解紧张感。

与此相反，有些年轻人恰恰难以和父母划清界限。当他们与父母的关系变得过于剑拔弩张时，他们可能会暂时保持距离，但始终无法保持情感和经济独立。这些年轻人很容易习惯性地依赖他人，将他们与父母的相处方式带入其他关系。他们难以独立生活，总是渴望得到他人的支持和认可。

当你离开父母的家时，你在多大程度上渴望依赖或逃离他们？随着年龄的增长，你是否找到了与父母相处的舒适状态？

你是否经常与父母联系，同时也能承担自己的责任？有的人虽然离开了父母的家，并实现了经济独立，但从未成为真正独立的个体，因为他们无法在父母面前轻松自如地表达不同的观点。还有的人可能在某些方面实现了独立，但他们依然负责取悦父母或期望被父母照顾。对这些人而言，父母的认可非常重要，因此他们会看父母脸色说话，经常报喜不报忧。

是履行义务还是维系感情

对那些与父母关系疏远的年轻人而言，虽然他们没有和父母彻底划清界限，仍然保持来往，但他们与父母的联系只是敷衍了事。当回家探望父母成为一种义务时，子女就不再与父母交流任何真实想法，他们其实是在通过疏远父母以实现独立。这种回家探望父母的方式是空洞的，他们会越来越觉得父母是他们的负担，而不是资源。这种关系模式还会在他们的婚姻关系和亲子关系中重复出现。

在咨询过程中，常有患者问我："我都离开家那么久了，为什么还要那么费劲地和父母保持真诚的联系？作为成年人，为了更独立地成长和生活，我难道不应与父母保持距离吗？"在某种程度上，这种反驳不无道理。为了开始独立生活并为组建新家庭做准备，我们的确有必要和父母保持适当的距离。但是，如果我们无法在离家时诚实尽责地与父母沟通，那么我们很有可能在其他关系中也无法做到。此外，如果我们在离开原生家庭之前经历过一些伤痛和误解，始终无法释怀，那么当我们在其他关系中遭遇同样的问题时，我们可能会产生更强烈的恐慌和不安。如果我们不能对父母坦诚相待，那么在其他任何亲密关系或重要关系中，我们也很难保持真实的自我。

拉瑞莎的故事

拉瑞莎在25岁那年开始接受心理咨询，她想找到和父亲更好地相处的方法。她很想告诉父亲她对他有多失望，她说："我必须这样做，不然我就没法继续过好自己的生活。"

自从她父母10年前离婚以来，拉瑞莎和父亲的关系一直就像沉重的负担一样压在她心头。拉瑞莎说父母离婚后，母亲开始了新的事业和生活，找回了自信，而父亲则一蹶不振，失去了生活下去的动力。父母离婚前的那几年，拉瑞莎和母亲的关系剑拔弩张；父母离婚后，她们的母女关系焕然一新，变得非常融洽。然而，她和父亲的关系彻底改变了，更多时候需要由她来照顾父亲。高中毕业后，她决定搬过来和父亲住，这样他就不至于太孤独，但这样过了7年，她心中充满了对父亲的怨愤，她对父亲的落魄潦倒感到失望："我为他付出了那么多，结果他还是不能振作起来，不能结交新的朋友，过上有意义的生活。"

我问她："通过这次和父亲摊牌，你希望达到什么样的效果？"

拉瑞莎说："我只是不想一直为他担心。"

我问她这种担心是源于她主动承担的责任还是她父亲要求她这样做的。拉瑞莎意识到这并不是父亲的要求。父亲从来没说过她必须照顾他。这是他们父女二人相处多年以来她自己养成的习惯。

我接着问："你觉得和父亲保持对立能否帮助他更好地理解

你的生活苦恼？”

经过一番长久的思考，拉瑞莎回答：“我想，让他知道我对他有多失望的话，多半会让他伤心。这样做根本无法帮他理解我的初衷。当停下来思考这个问题时，我发现向父亲发泄我的不满只会让情况更糟糕。”

我又问她：“如果不和父亲对立的话，有什么可行的办法可以帮你意识到自己的局限性，从而改善你们的父女关系呢？你愿意为父亲做什么？你不愿意为他做什么？”

拉瑞莎沉思了一会儿说：“我还没想清楚这个问题，因此我肯定没有像这样与父亲相处过。我从未思考过作为女儿，我应该承担哪些有益的职责。”

关心他人 vs. 照顾他人

随着我们的谈话继续深入，拉瑞莎意识到她无法做到一边担心父亲的情感状态，一边努力做一个坚强独立的成年人。她还发现，她一直承担着照顾父亲的责任，却从来没想过这样对他们父女俩的健康成长是否有益。当然，这种强者和依赖者的相处模式之所以会产生，一部分原因在于拉瑞莎的父亲，这种关系问题在拉瑞莎父母的婚姻中一直都未能得到解决。

和父亲针锋相对显然无法使拉瑞莎实现独立自主的目标。这种方式只会引起误解、罪恶感和防御心理，对事情毫无补益。和父亲断绝关系也是于事无补。拉瑞莎需要了解原生家庭对她的影响，分析是什么原因导致她形成了这种家庭责任感。她还需要想办法真诚地关心父亲，而不是强迫自己照顾父亲。对拉瑞莎的人生而言，相较于照顾他人，关心他人具有完全不一样的意义。

直抒己见，但不攻击他人

拉瑞莎面临的成长挑战是她需要找到一种方法，使她能够对父亲更坦诚，而不是进行言语攻击或试图改变他。这需要拉瑞莎不再纠结于她希望父亲变成什么样子，而是思考她想成为什么样的女儿。拉瑞莎开始反复斟酌她对父亲的担心，以及作为成年人，她究竟有多希望维持这段父女关系。于是，她不再对父亲吹毛求疵，而是与父亲心平气和地沟通，表达她想要改善父女关系的想法，以及她今后不会再做的事情。拉瑞莎告诉我，有一次和父亲谈心时，她对他说："爸爸，我可能无法改善您的健康状况，但我真心希望您能照顾好自己，因为我很期待未来几十年我们能够互相陪伴。"

拉瑞莎想和父亲分享更多自己的想法，而不是总为他担心。她会让父亲知道他的行为对他们父女关系的影响，而不是处处指责他。后来有一次，当父亲开始抱怨各种问题时，拉瑞莎说："爸爸，当你向我倾诉你的烦恼时，我会不由自主地把问题全都揽到自己身上，这让我精疲力竭。我今天真的很想和您聊聊我在工作中遇到的一些新鲜事，最近我还得到了一个新的工作机会，我很想听听您的意见。"

拉瑞莎认识到，相较于粗暴地断绝父女关系，从父亲的影响中抽离出来并独立成长才是更好的选择。她不再对父亲满腹牢骚，而是适当地表达关心，并坦诚地表达不同的观点。此外，她还意识到自己被卷入了父母的婚姻问题。拉瑞莎的母亲看到女儿搬回去照顾前夫倍感欣慰，但拉瑞莎却因此陷入了两难的处境。她不由自主地承担了过多照顾父亲的责任，正如离婚前母亲照顾他那样。她明白了自己需要改变和父母双方的关系模式。

更多有关家庭联结的悖论

在人生的任何一个阶段，与原生家庭重建联结，和每一位家人建立更成熟的关系，始终都是最有效的成长办法之一。如果我们能够学会如何与父母和兄弟姐妹更好地相处，而不是像过去处理家庭问题那样，习惯性地疏远、指责或拯救对方，我们就能获得真正的成长。在咨询过程中，我发现很多人在咨询初期都无法想通这一点，他们不知道重新和性格迥异的家人建立情感联结有多重要。

我记得有位 30 岁的来访者，名叫安东尼，他很坚定地认为他的母亲实在是太不可理喻，以至于他无法与她好好沟通，他从来都不让他的母亲知道他的行踪。随着他了解到更多关于父母的生活经历以及他们的原生家庭情况，他的抵触情绪渐渐减弱了。当安东尼得知母亲拥有不少至交契友，而且当年为了嫁给父亲不惜远走他乡的时候，他才意识到原来自己一点儿也不了解母亲，她不仅仅是他想要摆脱的令人窒息的母子关系中的人。他不再抱着拒人于千里之外的态度对待母亲，而是开始努力改变自己以缓和他们的压抑关系。他要怎么做才能与母亲恢复更融洽的关系呢？他要如何在维系亲情联结的同时保持独立的自我？经过一番冥思苦想，安东尼采取了一系列措施，并取得了一定的进展，他逐渐能够更成熟地与母亲保持联系，他会倾听她的想法，并分享自己的生活，并且不再觉得母亲是为了得到更多关注而逼迫他这样做。当他听到母亲的负面评价时，也不再像年少时那样情绪冲动了。

很多人都像安东尼一样，当他们开始更加心平气和地和父母相处时，他们发现原来与家人保持更多联系反而有助于让他们更好地实现离家独立。

持续存在的离家问题

经常会有刚成年的年轻人前来咨询，他们想知道如何更好地与父母相处。有的人抱怨父母总是不可理喻，有的人抱怨父母没有给他们足够的关心和支持。同时，很多步入中老年的父母也会前来咨询，他们不知道该如何打破与孩子之间的隔阂，抱怨孩子总是将他们拒之门外。他们总是将各种想法和情感压抑在心里，任由时间流逝也不愿意正视和解决问题。当他们被卷入包括亲家和外孙在内的大家庭后，这种更复杂的家庭关系无疑会给他们的苦恼雪上加霜。

对成年人而言，解决亲子关系问题主要有以下几种办法：

- 别光想着改变别人，多想想自己是如何给他人造成挑战的。
- 与家人相处时，尽量别吹毛求疵，也不要将自己的观点强加于人。
- 与不同辈分的家人相处时，勿忘初心，做最好的自己，并坚持自我的原则。
- 坦率表达不同的观点。
- 不要背地里说人坏话。
- 不要让伴侣替你应付亲生父母，这样可以有效避免误解和产生挫败感。

只要我们持续稳定地与父母保持联系，坚守内在成人的原则，我们就能促成更成熟的亲密关系。这个过程可能充满了坎坷和不适，但我们能因此获得更多成长的机会，并建立自尊和自信，从而拥有高质量的人际关系。

痛苦不堪的家庭怎么办

世上没有完美无缺的父母，他们并不总能做到知行合一。事实上，人们需要处理的家庭问题各不相同。对那些在原生家庭遭受痛苦和虐待的年轻人而言，离家独立的过程可能会充满恐慌和愤怒。对那些遭受父母虐待而感到痛苦和迷茫的年轻人而言，最有效的解决办法是离开父母的家，并开诚布公地与他们沟通交流，而不是焦虑地避而远之。面对这种复杂问题，咨询专业人士，寻求他们的指导意见能避免情况恶化，防止因过度焦虑而冲动行事，但同时也要提防一些火上浇油的馊主意。

我见证了很多遭受过家人虐待的成年人的成长，他们通常会仔细斟酌措辞和表达，坦率地向家人讲述自己的心路历程。通过咨询专业人士，他们学会了就事论事，而不语出伤人。他们承认父母也有一些优点，但父母的虐待让他们感到彻底失望，这种信任崩塌使他们悲痛不已。直面难以启齿的家暴经历，并不只是嘴上说说就好，而是要身体力行地抵制任何胁迫性的欺压行为。长远来看，他们需要在努力融入家庭的过程中警惕失去自我的倾向，重拾清晰安全的个人边界感。当然，这种努力并不能让我们一劳永逸。这是每个人都应该深刻反省的心路历程。我们应努力在关系中认清自我，而不是墨守成规。在与家人的关系中，基于互相尊重的前提来表明自我的立场和原则，有利于促进个人成长并减轻恐慌，而指责和逃离家人则达不到这种效果。

真实比和谐更重要

成年子女和父母之间的情感重建并不总能实现皆大欢喜。有时候，这可能只能让他们的关系变得更加坦诚和成熟，即使这种成熟看起来只来自一方。每当我们在亲密关系中转变立场时，另一方必定会进行反抗，以恢复从前舒适的相处模式。在这种可预见的逆反压力下，坚定自我的原则实属不易。

当家人的言谈举止和人生选择令我们感到不齿时，我们可能会产生抵触情绪，但如果我们能试着变得成熟，包容和理解他们，我们会因此而获益匪浅。长远来看，一个人为成长所做的努力最终会影响到其他家庭成员，并带来意想不到的积极影响。

如果你能在原生家庭强烈的情感关系中保持情绪稳定，你便能在其他关系中更加游刃有余，在面对关系冲突时能够更加成熟稳重地应对。不管何时开始反思离家独立的经历都不算太晚。当你重新审视家人关系和家族历史时，你会更好地认清自己，说不定还能和家人建立深厚的感情，让曾经遥不可及的幻想变成现实。

思考问题

- 你是如何离家独立的？在彻底逃离原生家庭和依赖父母两个极端之间，你处于什么位置？
- 为了与父母建立更成熟的亲子关系，你需要付出以下哪些努力？
    - 不再期望父母帮你摆脱困境。
    - 心平气和地与他们讨论深刻的话题。
    - 成为他们的资源，而不是充当拯救者或被拯救者。
- 为了使自己感到更加心安理得，而没有更真诚地对待父母（成年子女），你在他们身上贴了多少标签？
- 当你专注于反省并提升自我，而不是指责父母（成年子女）时，你们之间的关系迎来了哪些转机？
- 你应该如何改变对待父母（成年子女）的方式，从而与自我价值观和原则保持一致？

Growing Yourself Up

第5章 单身的年轻人

学会更理性地建立与自己的关系

（对不够成熟的人而言）他们将太多的能量消耗在寻找爱与支持上，以至于没有足够的能量去实现自我目标。[1]

——默里·鲍文，医学博士

单身的人拥有绝佳的机会去发展最重要的人际关系，即与自我的关系。[2]

——罗伯塔·吉尔伯特（Roberta Gilbert），医学博士

离开原生家庭后，我们便拥有了独特的机会来学习如何作为一个不过度依赖亲密伴侣的成年人去生活。我们很容易利用与他人的关系去弥补我们的不成熟。当我们感到紧张或不安时，我们常常从亲密关系中获得平静和安全感。这样有什么不对吗？毕竟，人是渴望情感联结的社会性动物。关系对于建立家庭和营造社区而言至关重要，这样可以增加我们人生的深度和意义。但是

当我们通过关系获得平静，而不是依靠自己的力量时，就会出现弊端。过度依赖亲密关系，可能会阻碍我们的成熟之路。

离开原生家庭后的单身时期能为我们带来大量机会，让我们练习如何调用内在资源为自己带来平静、安全感和方向，而不是将亲密关系作为庇护所。年轻人会经历各种充满挑战性的转折期，不断明确自己的事业方向，学会经济独立，为邂逅人生伴侣做准备。在这个阶段，我们难免会对人生方向感到焦虑。这很正常，这种焦虑能让年轻人学会如何控制不确定因素，防止陷入崩溃和恐慌。父母和孩子之间的敏感关系可能会引起这种人生方向的焦虑。正如前一章所述，家庭焦虑的程度对年轻人能否顺利进入人生新阶段具有深远影响。年轻人在与父母相处过程中越是独立自主，同时父母也能把他们作为成年人对待，他们在这个阶段的成长就会越多。

如果年轻人不依赖外界力量（比如社交网络、购物或喝酒）来管理他们的转型期焦虑，而是试着利用生物学资源（比如呼吸、拉伸和运动）来放松身心，那么他们会获益匪浅。理性思考每种处境的逻辑和客观事实，能为我们带来控制焦虑的重要机会。年轻人在人生目标、原则和信念（比如哲学、信仰和价值观）方面付出的努力，有助于防止他们在大大小小的人生决策面前陷入崩溃。

亲密关系能掩盖成长中的差距

单身的年轻人尤其容易陷入一种圈套，即利用一段亲密关系弥补自己的不成熟。正如前一章所述，刚刚脱离父母庇护的年轻人很容易贸然陷入一段热烈浪漫的关系，从而缓解上一段关系带来的焦虑。

社会对浪漫爱情的过度推崇会让安全感缺失、不稳定的年轻人迷失自我。这种趋势会让人们迫于吸引他人的压力而不断妥协自己的人生原则。罗达的故事表明亲密关系会如何改变一个人的成长轨迹。我第一次和罗达见面时，她告诉我："我要结束单身生活了！"当她快 30 岁时，她觉得是时候和一个人安定下来了，并试着享受节奏更慢的社交生活。她说二十多岁的人生经历仿佛坐过山车，那时候她经历了无数浪漫热烈的爱情，但总是无疾而终。每段感情都突然终止，要么是因为罗达发现男友不忠，要么是因为罗达移情别恋。罗达爱上的男人多数是热衷于社交的嗜酒者。他们缺乏责任感的行为令她担忧，同时她自己也有不负责任的问题。这种时候罗达总是试图说服自己，等她遇到"真命天子"时一切都会改变的。罗达说："我总能从调情中获得快感，获取男人的关注能带给我自信和力量。但我越来越担心我可能会无法摆脱这种快餐式爱情的命运。"

最近她告诉自己，她不会再贸然开始一段爱情关系，而是花时间去了解对方的性格。刚开始的时候，她感到更加坚强和成熟，能够在男人的关注下保持边界感。然而在对方日益猛烈的短信和电话攻势下，她总是不可自拔地陷入新的感情。这些关系总是以背叛和戏剧性分手收尾，使得罗达只得接受无法实现寻找灵魂伴侣这一愿望的现实。理性方面，罗达明白自己的方法不对，但对爱情的渴望实在难以抗拒。她承认自己有点儿迷恋无须承担责任的激情关系。在这种情况下，她无法让自己的原则指导自己的感情。

促进健康的亲密关系

有的人虽然在法律意义上是单身，却不能独立自主地生活。罗达就是如此，她虽然还未结婚，却男友不断。她一直在努力想办法，试图从原生家庭的情感反应模式中获得独立的思考空间。她的父亲是个浪子，情史不断。罗达和母亲一样，反对父亲的不忠，却无法抗拒他给予的关注、他的领导力和魅力。她的感情史非常混乱，她总是在母亲的道德愤慨和无助与父亲的异性吸引力和魅力之间摇摆不定。她对亲密关系非常焦虑，并且不知道如何在维持情感联结的同时保持独立自主。

罗达开始努力摆脱浪漫关系的幻灭循环。她本以为自己无法做到，直到她想起自己曾经成功摆脱了持续几年的暴食症。她发现一个很有趣的事实，当她将注意力转移到理解自己与父母的关系上时，她更加重视对身体的保养了。当人们在原生家庭中更独立自主时，他们往往更有可能改变一些坏习惯。罗达意识到吃巧克力带来的即时满足感比起身体为此付出的代价，完全得不偿失。经过一番思想斗争，她决定戒掉这饮鸩止渴之计，努力保持健康。罗达最后真的做到了！既然她能够抵抗巧克力的引诱力，是否意味着她也能通过同样的方式戒掉虚假爱情的引诱力？拒绝巧克力意味着她要忍耐压抑食欲带来的焦躁不安。如果罗达打算利用单身的机会过上更完整的人生，而不是不断在滥情中丧失自我目标，她需要付出更强大的忍耐力。罗达需要与她自己建立一段健康的亲密关系，而不是随随便便在一个男人怀里放弃自我成长。罗达花了好几个月的时间，努力调整她的认知和行为感受之间的差距，直到她真正开始改变。这一切来之不易，她还是会遇到种种阻碍，但她现在更有热情去发展独立的自我，并且下定决心要持续为之努力。

在我们的人生中，总有一些阶段，我们需要独当一面，比如年轻时的单身状态，或是离婚之后的独身期，又或是丧偶后的日子。有的人一生中大部分时候都是单身状态。我们所生活的社会总是过度强调建立伴侣关系的重要性。

最近许多真人秀总是围绕着一个共同主题：为优质单身男青年或单身女青年在一批选手中寻找合适的结婚对象。这种社会倾向会导致很多像罗达一样的单身青年认为他们只有在找到合适的灵魂伴侣之后，人生才能完整。

单身——获得平衡的机会

单身的年轻人处于塑造成熟稳重性格的绝佳时期，他们可以在这个阶段努力练习如何独立管理各种重要的人生技能。正如第 2 章所言，判断一个人成熟与否的标准之一是，他在所有重要的人生课题中，能够在多大程度上承担责任。这些人生课题包括管理健康、放松身心、理财、处理家庭关系、管理事业以及处理重要的人际关系。在离开原生家庭之前，你在上述哪些课题中能够对自己的言谈举止负责？

大部分人离开原生家庭时能够处理好某些问题，然而在另一些问题上却需要依赖父母。在我的青春期晚期，父母不遗余力地鼓励我努力学习从而取得优异的成绩，却几乎不让我做任何家务。所以很多年以来，我下了很大功夫学习做家务。可能你在家里总是在照料别人，却从未学习如何管理自己的钱财。你是否善于组织家庭活动，牢记每个人的生日，却很少关注自己的健康和幸福感？你可能需要思考以下几个问题。

- 如果你目前是单身状态，你是如何发挥独立自主的能力，而不通过依赖他人来掩盖自己的不成熟呢？
- 如果你已经结婚，假设你变回单身状态，你的独立性如何？
- 如果你已为人父母，你是否正在为孩子操办一切，哪怕这样可能影响他们未来独立自主生活的能力？

不管处于人生哪个阶段，我们都可以思考自己在承担生活责任方面的不足。我们可以选择学习必要的知识技能并保持自律，从而在生活中的方方面面都能游刃有余，而不是依赖他人来弥补自身的不成熟。

在不够成熟的问题上更加自律，不仅能够帮助我们避免孤独终老，而且对我们当下的人际关系也有益处，有利于避免关系双方付出不均等的问题。如果你是单身的年轻人，请记住这个阶段是学会独立自主的黄金时机。如果你的家庭成长环境让你无须对人生大事负责，这可能会非常艰难，但你可以从现在开始发现自己的不成熟，一步一步改变自己。这个过程充满艰辛，但从长远来看，你将会收获持久的满足感和稳固的亲密关系。

反思焦虑以及与他人的联结

单身让我们有机会通过自己的力量获得平静，这也意味着我们需要想办法应对生活中不可避免的焦虑。当我们面临着亟待解决的生活危机时，焦虑会变成我们的朋友。然而，不论是个人还是亲密关系中的伴侣，持续性地因臆想的危机而忧心忡忡，是引发诸多慢性病症的根源。

有段时间，我总是担心患上癌症。母亲在我 21 岁时死于乳腺癌，就在我离家远行之前。显然，我的担忧来自真实发生的事件，但我对身体的疼痛或异常肿块的恐惧纯属幻想。对癌症的恐慌像无底洞一样啃噬着我，这种恐慌来自可能发生的事情，而不是已经发生的事情。如今回首往事，我发现虽然那时候对健康的担忧让我可以转移各种因生活变故产生的压力，但我并没有因此懂得如何深思熟虑地应付每种变故。值得庆幸的是，我控制住了这种担忧，没有让它过分地影响我的生活。

多年以后，我发现应对焦虑的最有效办法之一是区分对未知风险和已知风险的恐慌。抛开对未知风险的担忧是非常值得练习的成长技能。此外，你可以看看自己是否会因为某种担忧而逃避解决更多的人生难题。这样也许能缓解诸多困难任务造成的压力，但我们可能会因此被消耗过多精力。任何事情都可能变成我们的焦虑重心，将各种压力聚集于某一个问题。这种焦虑重心可能是疾病恐慌、肥胖恐慌、性功能障碍、经济压力或洁癖。为了保持更好的身心状态，我们需要在不同的生活领域合理分配精力，而不是专注于某一种挑战，消耗掉所有的精力。

区分对未知风险和已知风险的恐慌

科学合理地管理焦虑是每个人生阶段的重要课题，但每一个单身的年轻人总是需要承受来自大众媒体、同龄人和父母的压力，使得他们不得不花费更多精力去寻找伴侣，而不是学会如何独立应对生活的压力和挑战。因此，本章旨在帮助读者学习如何避免因过度焦虑而消耗成长的动力。

我们因未来可能发生的风险（尤其是亲密关系中的风险），而改变生活方式的程度，直接关系着我们应对生活挑战的能力。如果我们总是因害怕关系破裂，或担忧伴侣陷入痛苦而感到惶惶不安，我们的精力就会集中在寻找让我们感到焦虑的事物上。当你开始为子虚乌有的风险寻找证据时，会产生什么后果呢？你一定会更加确信自己的担忧，并改变自己的言谈举止，仿佛担忧已成事实，而不仅仅是幻想。

在讨论父母的育儿焦虑时，鲍文总结了三个焦虑环节：扫描、诊断和解决。这几个环节描述了包括青年时期在内的不同人生阶段的焦虑。当焦虑产生时，我们可能会开始扫描生活（自身或他人的生活）从而寻找我们感到恐慌的原因。我们不可避免地会发现恐慌的一些特征，并对他们进行命名。然后我们开始对症下药，仿佛这些问题真的存在，而不只是我们对未知的恐惧。这样一来，我们会难以理性行事，因为我们绞尽脑汁将问题标签化和合理化。对焦虑保持理性并及时停止子虚乌有的担忧，对任何人生阶段而言，都是重要的生活管理技能。

学习自我管理

焦虑会使我们在人际关系中过度依赖他人、控制欲过强或陷入三角关系。如果我们不在亲密关系中推卸个人责任，我们就能从中获益，但人类的脆弱性使我们容易在遭遇不顺时依赖他人。我们可以通过依赖他人来获得平静，或者帮助他人从而获得平静。压力和焦虑在生活中不可避免，如果我们可以不过分夸大它们的影响，学会依赖自身的力量去控制它们，我们将会更善于适应生活中的困境。

我们对焦虑的反应模式往往是自动的、无意识的。这种反应模式会影响我们的身体机能，包括消化能力、心率、血压、肾上腺素水平、呼吸频率和皮肤温度。学会识别我们在关系系统中产生的内在焦虑以及我们的身体随之产生的反应，对我们的成长具有显著意义。

我们越是关注身体对压力的反应，并锻炼控制焦躁不安的能力，我们越能提高管理情绪和想法的能力。关注呼吸的深度和节奏、体温和肌肉状态，同时调整心态，有助于将焦虑控制在合理范围内。虽然世上没有管理压力反应的魔法，但我们可以对症下药，让积极的改变发生。

一名年轻女性应对高压的努力

萨拉今年 25 岁，她不明白为什么自己总是感到精疲力竭。在成长过程中，她总是在照顾家人，替她母亲为家人的幸福而担忧。作为一名护士，她在工作中也继续保持着类似的角色。

当我问萨拉她在察言观色方面投入了多少精力时，她说："我这一生都在努力观察别人是否会因为我而感到更开心。每个人都说我总是那么善解人意，但我却从来不知道怎么替自己着想。"

作为一个单身的年轻女性，这种关心他人和为保持他人认可而做出的努力会带来生理、心理和社交方面的影响。萨拉几乎没有精力维持友谊，她最终陷入了崩溃。

这种情绪崩溃使萨拉恍然大悟。她开始探索全新的应对焦虑的办法，她不再一味迎合他人，而是表明自己的观点和立场。在咨询过程中，她取得了一些进步，她学会了拒绝家人的某些要求。她能够向家人解释，她没有足够的精力去满足他们的需求。萨拉开始扩大社交圈，使其不局限于那些需要情感支持的朋友。在工作中，作为社区护士，她不再投入过多的精力照顾病人，结果令她惊喜的是，很多病人的表现都比她想象中要好很多。她将省下来的时间和精力用来放松，并开始发展对摄影的爱好。

保持坚定，不变回原样

当她减少在某些关系中的投入之后，萨拉经历了很大的压力。朋友们埋怨她不够关心他们，家人发现她增加个人边界感后开始向她索求更多的注意力。这种逼迫她恢复过去习惯的压力既来自他人，也来自她自己，因为她也不习惯新的行为模式。

她感到恐慌，因为担心自己让别人失望，她说："我忍不住想放弃，因为不帮助他们让我感到非常不舒服。并不是每个人都喜欢我的变化。一些朋友不断打电话向我发牢骚和诉苦。这让我意识到，是我让他们相信我会永远倾听他们的心声。"

萨拉最终明白，这种来自朋友和家人的压力不过是她改变为人处世方式后产生的部分影响。她冷静下来，心想他们终有一天会找到其他资源来解决他们自己的问题。萨拉认识到，她不必对每个家庭成员负责，也可以与家人维持亲密的情感联结。她努力保持镇定，坚定自己的决心。她意识到，只有学会忍耐改变为人处世的习惯后带来的焦虑，她才能提高自己的情绪恢复能力。这种新的焦虑不再是对可能发生在他人身上的不顺的担忧，相反，它标志着她在成长中取得了进步，学会了如何成熟地关心自己。

通过外物分散注意力以缓解焦虑感

大部分人都没有意识到我们在管理焦虑情绪时会多么缺乏内在资源。我们倾向于冲动地向外寻求能够间接缓解焦虑的分心物。这些分心物可能会导致我们养成某些坏习惯，甚至让我们严重上瘾。缓解焦虑的分心物可能以任何形式出现，例如药物、食物、关系幻想、购物或过度使用电脑。每种分心物对我们，或对他人的健康和机能的损害程度各不相同。通过外物分散焦虑感的主要问题在于它会导致我们无法深思熟虑地解决关键问题。它们还会阻碍我们调用内在机能进行压力管理。这种行为就像怕黑的小孩总是跳到父母的床上寻找安全感，而不是学习如何控制自己的恐惧一样。当我们不懂得如何管理自身的焦虑时，我们很容易让他人帮助我们缓解压力，比如通过关注他人转移焦虑感，或让他人照顾我们。

概括单身年轻人的特点

年轻人会经历一些独特的转折期，例如从离开原生家庭到努力工作以实现经济独立，维持身心健康，以及考虑建立长期关系。年轻人刚离开家开始独居生活时，原生家庭对待他们的方式关系着他们能否顺利地成为有安全感的成年人。年轻人越是能够在承担个人责任的同时与父母保持联系，他们在面对新生活的挑战时就越能轻车熟路。

单身阶段让年轻人有机会明确自己的价值观和生活重心，而不至于在亲密关系中迷失自我。个人成长的阻碍之一是过度沉溺于亲密关系，以至于失去自我。在单身阶段，年轻人不应该放纵自我，而应该独立自主，对自己负责，同时锻炼与形形色色的人打交道的能力。友谊对年轻人而言非常重要，可以锻炼他们在维持人际关系的同时保持独立自我的能力。对年轻人而言，学会用更轻松、更坦诚的方式与父母以及其他家庭成员相处，有利于他们锻炼保持独立和情感联结的能力。

当年轻人在关系中成长时，年轻人和他们的父母需要培养关系中的共同利益。一方不用担忧和劝导另一方，双方都不依赖彼此满足一己之欲。当年轻人能够将他们与亲朋好友的关系视为交换人生经历的机会，而不是付出和索取的过程时，他们就能更好地成长。正在读这本书的父母，你们可以对子女的成长发挥至关重要的作用。设身处地去了解子女的生活，尽量不对他们的人生指手画脚，这样他们就能拥有更多私人空间，并利用内在资源逐渐从自己的生活经历中吸取教训，学会如何更好地适应成年人的生活。

思考问题

- 在什么情况下你会依赖他人以减轻内心的不安全感?
- 如何在保持独立自我的同时与亲朋好友保持情感联结?
- 哪些生活技能值得付出额外努力?
- 怎样利用内在心理资源应对压力?
- 你是否能够区分基于未知风险和实际问题的焦虑?
- 怎样在亲密关系中创造更多共同利益，而不是单纯地付出或索取?

Growing
Yourself
Up

第6章

婚姻如何使人成长

改变你自己，而不是你的伴侣

在与他人的关系中，有的人专注于目标明确的活动，有的人则在亲密关系中失去自我。[1]

——默里·鲍文，医学博士

世界上真的有人准备好了才结婚吗？我认为没有。没有人能够为婚姻做好真正的准备。人们只能在婚姻中适应婚姻。[2]

——大卫·施纳迟（David Schnarch），博士

我想不到还有哪种关系能够像婚姻一样考验我们内在成人的力量。我们与朝夕相处的伴侣之间的终身承诺，要求我们展现出最成熟的自己。与另一个人共同承担数十年的成人责任，一起面对财务问题、经营家庭、抚育小孩以及与亲朋好友维系感情等人生难题。这是一项艰巨的挑战。两情相悦的爱情让人变得更加乐观积极，以至于奋不顾身地投入一段充满挑战的婚姻关系。

当我们处于热恋期时，亲密关系似乎总能满足我们的需求。然而，热恋期总有尽头，日复一日的琐碎生活总会出娄子。当事与愿违时，我们的内在小孩就会完全显露出来。热恋时，我们坚信世界上没有任何人能够像恋人那样爱护和理解我们，可是当对方无法满足我们的期望时，会产生什么后果呢？我们会因为一点儿小事变得歇斯底里，埋怨对方，直至双方都疲于争吵，最后在冷暴力中渐渐疏远。在这种情况下，有些人选择牺牲自我以维持和谐的婚姻关系，结果一方变成委曲求全的施救者，另一方则成为不堪一击的被救者，这种虚假的和谐关系阻碍了我们去解决真正的矛盾和分歧。接下来，我将通过亲身经历来解释这种婚姻的“舞蹈模式”。

婚姻中的天真妄想

时光如梭，不知不觉我已结婚将近 40 年。虽然我在这段婚姻关系中仍有许多不成熟之处，但我和我的丈夫大卫始终相敬如宾，我们既是夫妻也是朋友，这段亲密关系也让我获益匪浅。当然，我们的婚姻并不总是一帆风顺。刚生完小孩时，我们的关系一度变得非常紧张。过去我对婚姻关系的不满，主要源自两种妄想：第一，如果我的丈夫真的爱我，他应该知道我需要什么；第二，如果我的丈夫无法达到我的期望，也许我可以改变他。下文将进一步分析这两种常见的婚姻妄想。

妄想他人能猜透我们的心思

当你期望伴侣能猜透你的心思时，你在这段关系中已经迷失了自我。刚结婚的那几年，我常常被大卫气得夜不能寐。更可气的是，当我内心备受煎熬时，他却酣睡如泥。经过好几个辗转反侧的夜晚后，大卫终于意识到了我对他的幼稚期望。他在入睡前问我有没有什么话想对他说。大卫为了使我平静下来，开始承担更多的责任。值得庆幸的是，我们没有一直保持这种相处模式。我学会了对自己的情绪负责，在安全感缺失时，控制自己不要肆意发泄情绪。多数情况下，我学会了清晰表达自己的需求，而不是期待大卫猜中我的心思，或是抱怨他不够关心我。我渐渐发现，过去那些令我困扰的问题，本可以靠我自己解决，比如对安慰的需求。这个过程充满艰辛，进展非常缓慢，有时甚至毫无建树，但即使是微小的努力，也能为婚姻关系带来积极影响。我对亲密关系的期望源于母亲对待我的方式，她总是能够理解我的情绪，耐心听我倾诉并给我安慰，但我需要从这种关系模式中成长起来。

妄想改变他人

我对婚姻的第二个妄想是认为我可以改变大卫身上的某些特点，把他变成我的理想伴侣。热恋时，我们都觉得对方无可挑剔。随着交往渐深，那些曾经令我们着迷的，甚至是我们觉得可爱的差异会渐渐变得令人恼火。当我注意到大卫的某些缺点后，我开始给他提建议，让他改变自己。当我想到以前每次和朋友聚餐后我对大卫的一些评价时，我感到羞愧不已。我曾经基于自己对社会习俗的个人看法，建议他在言谈举止方面变得更得体。如果他在社交场合说的某些话让我觉得言过其实或者是无稽之谈，我便会恼羞成怒。

显然，我把大卫想象成我想呈现给世界的另一个自己。我期望他能帮我完善和拓展自我，其中一项要求就是他必须在社交场合抛头露面且自信从容，从而弥补我的社交怯弱。没想到他竟然能够容忍我的心理投射，不过我们现在已经改变了这种相处模式。有时候，我那披着“建设性意见”外衣的批评可能会让大卫感到不耐烦，但他对于自己的忍耐限度没有保持冷静的立场。这种相处模式是我们共同促成的结果，当我努力想要改变他时，他也在积极寻求改善意见。当大卫期待我成为他的人生导师时，他在某种程度上纵容了我对他的控制欲。以前，在我与母亲的关系模式中，我早已习惯于充当出谋划策的角色。

值得庆幸的是，随着人生阅历逐渐增加和事业发展，我渐渐明白，在亲密关系中改变伴侣的努力只会适得其反，而且还会增加关系双方的挫败感和不安全感。我还意识到，当我和大卫憋气窝火时，通常表明我没有去深思熟虑地解决自身优柔寡断的问题。当我们将焦虑转移到帮助或改变他人时，我们其实是把自我怀疑或自我否定放大成了更严重的问题。

好消息

当我开始专注于平息自己的焦虑、解决自身的不成熟并在婚姻中做回自己时，我也为大卫腾出更多空间做他自己。这样他可以减轻犯错的压力并为自己的成长负责。对于关系系统而言，这实属令人欣喜的好消息：在婚姻中，只要一方主动改变自身的问题，另一方便不会再往不成熟的相处模式上火上浇油。这让我想起我们第一处住所附近的一棵树，根系庞大的树根蔓延到了房子一角，因为那里水分充足。结果，我们客厅的墙壁开始出现可怕的裂纹。一位建筑师建议我们改善房子周围的排水系统。随着房子周围的积水减少，土壤变得更加坚固，树根开始更加均匀地向四周伸展。那棵树本来无须改变，但为了适应环境变化，它做出了必要的调整。同样地，在婚姻或家庭关系中，如果某人在发现自己之前的努力徒劳无功后，主动做出改变，那么情感环境会随之发生变化，其他人也会做出相应的调整。试想，你不再需要解决他人的问题，只要做好你能做的事情就好，多么大快人心啊！但是我们要做好心理准备，因为改变亲密关系的循环模式是一个缓慢的过程。有时候，我们的关系可能会变得更加混乱，因为对方也需要一段时间调整自己。在这种情况下，你只需要记住一点：承担更多的责任，而不是寄希望于改变他人，这样你的亲密关系就能始终保持在正轨上。

打破对婚姻关系的两大妄想对我的持续成长至关重要，虽然进展缓慢，但成效显著。在婚姻关系中，我学会了认清并正视自身的问题，而不是寻求改变大卫的办法，这使我朝着更成熟的自我迈出了一大步。亲密关系像一段困难重重的漫长旅程，为我不断练习自我反省提供了理想的环境。

婚姻中的三条“成熟弯路”

每当我们以为自己行为举止很成熟时，婚姻总有办法暴露我们的不成熟。当婚姻关系变得紧张时，最快捷的缓解办法是遵循内在小孩的处理方式。我们会被情绪主宰，把所有的精力放在伴侣身上，并认为这是理所当然的。如果争吵太激烈，那就保持距离，达成休战协议，或者是向其他人抱怨伴侣的过错以获得认同，这样便可以从表面上解决问题。

在一段婚姻关系中保持成熟的核心挑战在于保持平衡，我们既要保持独立的自我，又要维系亲密的联结。保持独立意味着我们要能够管理自己的焦虑、解决不安全感，并改变在婚姻关系中种种不负责任的行为。我们常常会因为担心无法胜任新的角色或承担责任而感到安全感缺失，这很正常。真正的难点在于，我们要学会辨别自我怀疑的倾向，并建立实事求是的自我期望。接下来，我们可以和伴侣坦诚相待，描述我们的内心感受，并分享我们处理这些问题的诀窍。我们应该悉心听取伴侣的意见和建议，但也要理性思考什么才是最适合自己的方法。在亲密关系中，我们应该和伴侣互相沟通，并想方设法保持亲密度。维系亲密关系意味着我们应该尽量避免逃避和冷战。

成熟的成年人不仅要对自己负责，还要对恋人或伴侣负责，这实属不易。本书的英文书名意在让读者意识到自我成长绝非易事。我们要认清那些阻碍我们实现成熟的婚姻关系的弯路，这样就能达到事半功倍的效果。了解这些常见弯路的动因，有助于我们对症下药地改变自己。通往成熟婚姻的弯路主要有三条，分别是冲突与疏远的“舞蹈模式”“跷跷板模式”和“三角关系模式”。下文将详细分析这三条弯路。

冲突与疏远的“舞蹈模式”

你身边是否有这样的夫妻？他们似乎总是在吵架，但又总能快速重归于好。虽然吵架时双方都怒不可遏，但奇妙的是，他们的夫妻关系却因此变得更加紧密。他们不需要努力在婚姻中承担更多责任，而是通过冲突和防御建立一种既有联结又有距离的关系。这种相处模式在一定程度上平衡了人们既需要私人空间又渴望情感依恋的矛盾心理。在针锋相对的冲突和防御下，夫妻一方的精力会逐渐从自身转移到另一半身上。随着对伴侣的关注越来越多，夫妻双方的愤怒也会与日俱增，进而导致双方渐渐疏远。

黛安娜和朱利安的婚姻关系就是这种模式的典型例子。当他们的婚姻度过蜜月期后，他们几乎每隔一天就会吵架。他们花好几个小时激烈控诉对方的恶劣行径。他们互相指责，直到一方愤然而去或摔门而出。在这种相处模式下，他们两个人都很不开心，但他们不知道该如何打破这种恶性循环。他们没有意识到这种冲突与疏远的循环实际上是在帮助他们处理自身对相互联结和保持独立的需求。冲突会使情感联结变得更加强烈和紧密，但也不可避免会超出夫妻双方能够忍受的极限，导致他们选择逃避，进而变得疏远。经过一段小别，他们会重归旧好，保持短期内的和谐和恩爱，直到下一次争吵爆发。

黛安娜和朱利安找到了一种办法来平衡他们对个人空间和情感联结的需求，只是代价比较高。这种办法让他们的性生活也变得非常和谐。但是弊端在于，他们的争吵变得越来越激烈，大打出手的可能性也越来越高。而且，他们的女儿不得不在这种冲突氛围中长大，并开始尝试介入父母的关系，让他们停止争吵。为了维持这段婚姻，黛安娜和朱利安需要找到更成熟的方法去平衡他们对自主性和情感联结的双重需求。

“跷跷板模式”

你是否见过这种夫妻？他们一方看上去很强势和理性，而另一方则比较脆弱和被动。你可能会不解，为什么如此成熟的人会和这么孩子气的人结婚。也许你自己的婚姻就是如此。“跷跷板模式”在婚姻中比较常见，通常是因为处于高位的一方充当了决策者和救助者的角色，而处于低位的另一方为了感到平静和满足伴侣的掌控欲，放弃了独立思考和解决问题的能力。高位者需要掌控一切才能感到安全，而低位者只有在伴侣没那么焦虑时才能感到安心。

这种模式的成因类似于先有鸡还是先有蛋的问题，要么是一方将掌控权交给另一方，要么是一方开始替另一方承担责任。夫妻双方合力促成了这种结果，因为一方主动掌控全局而另一方则放弃自我需求。夫妻间的“跷跷板模式”能使双方在面对潜在分歧时保持冷静。这种模式制造了一种成熟失衡的错觉，夫妻之间的高位者通过低位者摇摆不定的立场来增强自身的权威。高位者的内在成人没有成长，事实上，他们的力量来源于低位者与日俱增的软弱。当高位者照顾低位者时，正如低位者依赖高位者一样，容易忽视自身存在的安全感缺失问题。

查尔斯和佩妮是一对采取这种“跷跷板模式”的夫妻。在朋友眼里，他们是完美互补的一对，查尔斯性格外向、乐观积极，而佩妮比较内向，对可能出差错的细节比较敏感。查尔斯是个粗线条的人，容易一时兴起做决定，而佩妮喜欢纠结于细枝末节，总是瞻前顾后，犹豫不决。他们刚在一起时，关系浓度非常高，因为佩妮总是让查尔斯帮她出谋划策和拓展人脉。查尔斯很享受在婚姻中充当令人崇拜的意见领袖者的角色。这与他在原生家庭中的角色比较类似，父亲去世后他便成为母亲的守护者。

然而随着时间流逝，佩妮不再像从前那样崇拜查尔斯，而是愈发感到被他支配。随着被支配的窒息感与日俱增，她开始妄自菲薄。查尔斯比过去更加积极乐观，还想方设法哄佩妮开心。佩妮渐渐沦为这段关系中的低位者，为了缓和她和丈夫的紧张关系而委曲求全。她非常怀念昔日的和谐关系，于是她更加迁就查尔斯的处事风格。查尔斯则继续充当佩妮的“人生导师”，而且还感受到了佩妮对他的感激，他们的关系曾一度变得更加和谐，然而这种“跷跷板模式”为他们的婚姻埋下了严重的隐患。佩妮变得越来越不自信，而查尔斯对她的软弱无助也开始失去耐心。他认为佩妮的世界观太消极，为了逃避她，他变得更愿意和朋友们待在一起，因为朋友们总是充满正能量。佩妮对查尔斯的倾慕之情开始消磨殆尽，在他不归家的时间里，她心中的怨恨与日俱增。她曾经很感激他的决策力，如今却越来越抵触他的掌控欲。

这种“跷跷板模式”是他们合力促成的结果。为了维系亲密关系，佩妮放弃了独立思考，让查尔斯替她做大部分决定。在他们的婚姻中，查尔斯似乎更成熟，但实际上他只是通过支配失去自主性的佩妮来获得权威罢了。当佩妮发现自己无法自我引导时，她感到非常沮丧。更糟糕的是，他们青春期的孩子开始在爸爸面前抱怨她的坏脾气，这使她更加抑郁了。这种“跷跷板模式”使查尔斯和佩妮看似天作之合的婚姻出现了巨大的裂痕。

“两人不欢，三人刚好”的“三角关系模式”

俗话说，“两人成伴，三人不欢”。但当我们处理婚姻中的不安全感问题时，结果恰恰相反，“两人不欢，三人刚好”。很多夫妻闹别扭后会向第三方倾诉烦恼，以获得倾听者的理解和支持，从而缓解紧张的婚姻关系。试想，当你向某人倾诉烦恼时，对方设身处地为你着想，这是多么令人宽慰的事啊。这种“三角关系模式”使很多紧张的婚姻关系得到了缓解。婚姻中的“三角关系”通常包括父母、朋友或同事。有时，婚姻关系过于紧张时，甚至会出现婚外情。也许更多情况下，第三方通常是夫妻双方的一个或多个孩子。当夫妻一方或双方将注意力转移到孩子身上时，他们的矛盾很容易得到缓解。乔和萨曼莎就是这样的一对夫妻。

刚结婚的那几年，萨曼莎和乔饱受婆媳关系折磨。随着他们的第一个儿子威廉的出生，两人的注意力都被转移到了孩子身上，婚姻关系也变得非常稳定和谐。“三角关系模式”在乔和萨曼莎的婚姻中非常明显。早期，他们的关系充满了冲突和不安全感。萨曼莎总是抱怨乔没有在婆婆指责她的时候站在她这边。乔害怕一切形式的冲突，于是通过疏远母亲的方式来缓解紧张的婚姻关系。他没有和萨曼莎表明他的心路历程，他曾经以孝敬母亲为重，而如今他决定做个好丈夫。萨曼莎因为婆媳关系不佳而感到苦不堪言，却不知道该如何表达她在婚姻中的不安全感，以及害怕得不到认可的焦虑。他们的关系一度变得剑拔弩张，那时候萨曼莎总是逼迫乔和母亲唱反调以示忠诚，乔则因为不得不切断与父母的联系而心烦意乱。萨曼莎试图通过这样的方式寻求情感联结，她希望乔把她放在第一位，而不是他的原生家庭。乔开始疏远他的妻子和母亲，以此来缓解她们的期望带来的压力。除了与原生家庭切断联系，他对如何维持和谐婚姻也感到束手无策。

萨曼莎怀孕后，她那不可言说的不安全感被治愈了。她所有的注意力都转移到了安心养胎和憧憬宝宝的模样上。乔看到萨曼莎专注于初为人母的喜悦而无暇挑他毛病，感到十分欢喜。他很享受这种喘息的机会，于是开始全身心地投入到工作中。在威廉出生之前，乔在原生家庭中就是拯救父母婚姻关系的“第三者”。然而，他们的矛盾并没有得到解决，只是被掩饰起来罢了。“三角关系模式”使夫妻双方得以逃避真正的矛盾，将强烈的情感倾注到孩子身上。虽然这样能使威廉得到父母的关注，但可能会挤压他的独立成长空间。

如何从“舞蹈模式”中抽身而出

在你自己或父母的婚姻中，你能识别出上文提到的哪种关系模式？对于大多数家庭来说，通常是其中一种关系模式占主导地位。这些关系模式可能强度不一，也可能不会产生严重后果。每种关系模式都能帮助我们掩盖自身的不成熟，以满足我们对亲密性和自主性的需求，但代价是牺牲一个或多个家庭成员的成熟发展和自我成长。

那么，有什么更好的办法呢？上述三对夫妻需要解决的成长问题是一样的。不论是黛安娜和朱利安，还是佩妮和查尔斯，或是乔和萨曼莎，他们都需要将注意力从紧张的婚姻关系转移到自身的问题上来。你可能需要对自己进行抽丝剥茧才能逐步认清自我，但当你不再一味关注他人的缺点，而是关注自身的问题时，一段更健康的婚姻关系就会开始步入正轨。如果你想在婚姻中保持自主性和责任感，你就需要关注自我。当你拥有了更坚定的自我立场，你就能更自由地与伴侣建立情感联结，就可以与伴侣互相沟通想法和感受，并接受对方独特的处事习惯。请记住，只要一方开始改变自我，夫妻双方就可以从婚姻关系的弯路中逐渐回到正轨。

打破冲突循环

黛安娜或朱利安应该学会转移注意力，不再一味关注对方的缺点，因为这样毫无建设性。他们需要表达自己的感受，而不是攻击对方或为自己辩解。对黛安娜和朱利安而言，这听上去可能是比较困难的任务。举个例子，黛安娜和朱利安可以从更直接的面对面交流着手：朱利安下班回家后，筋疲力尽的黛安娜对他说：“太好了，你终于回家了，我需要你帮帮我！”

朱利安一改往常的责备口吻，他没有直接抱怨工作一天多么辛苦，而是说："我今天工作太累了，现在不太想干活，先让我缓缓，我得休息一下。"

黛安娜听完感到很恼火："你总以为只有你一个人特别辛苦。你知道我今天多崩溃吗？又要照料孩子们，又要处理没完没了的琐事。"

朱利安深吸一口气，决定克制自己不要像从前一样陷入冲突。他心平气和地对黛安娜说："过一会儿，我去打扫厨房，然后陪陪孩子们，这样我们就有时间互相诉诉苦了。"

黛安娜谨慎地答道："好的，我同意。但我想知道你要休息多久才能过来帮我。"

由于朱利安的内在成人克制住了他采取往常的防御姿态的冲动，他和黛安娜的关系发生了转变，没有陷入日常的冲突与疏远循环模式。黛安娜也开始平静下来，并表明她的立场。他们不再相互责备，而是一起哄孩子们睡觉，然后享受愉快的二人世界。

均摊双方的责任

对佩妮和查尔斯而言，要想打破他们婚姻中的"跷跷板模式"，其中一方或双方应该审视自己是如何促成了这种不平衡的相处模式。查尔斯需要减少替佩妮解决问题的频率，创造空间去倾听她的想法。佩妮需要意识到退缩和压抑怨气于事无补，她应该在查尔斯面前有更坚定的自我立场。这个过程对双方而言都不容易，因为在他们从小长大的原生家庭中，查尔斯习惯于支配别人，而佩妮则习惯于迁就于人。

不要只重点关注孩子

乔和萨曼莎应该进行更多的沟通，而不是只谈论他们的儿子。他们要努力建立一种既亲密又自主的关系模式，分享各自的喜怒哀乐，但不期待对方替自己解决问题。这对于建立一种不过度依赖彼此的情感联结至关重要。

如果乔能摸索出符合他价值观的母子关系，他就能改善婚姻关系。他需要重新与母亲和妻子建立情感联结，同时避免掉入满足对方期望的陷阱。这对他而言是多么艰巨的成熟挑战啊！萨曼莎可以通过给乔更多与威廉建立父子关系的空间，不干涉或纠正他，从而改善他们的婚姻关系。让乔和萨曼莎各自拥有与威廉建立关系的空间，是瓦解这种“三角关系”的开始。最重要的一点是他们要正视他们婚姻中的问题。这意味着他们要坦诚相待，交流不舒服的感受，学着保持联系，即使关系紧张的时候也不互相逃避。这种坦诚不是互相指出对方的缺点，而是他们要感受并且相信不论发生什么，都有彼此的支持。

婚姻中的成长“悖论”

大多数前来咨询的夫妻都会说他们来这里是为了改善婚姻关系。讽刺的是，取得进展的夫妻往往是那些不再一味关注婚姻本身，而是开始关注自身问题的人。

这就是婚姻中的成长“悖论”：在亲密关系中，负责地关注自我而不是关系本身，能够为双方带来最大程度的满足感。如果你想拥有更美好的婚姻，你需要在婚姻中调用自己的成熟资源，而不是想方设法改变婚姻关系或改变伴侣。如果你指望在亲密关系中通过伴侣的认可来实现自我满足感，那你很有可能会大失所望。要想在婚姻中变得更加成熟，你应该在伴侣面前诚实地表达自己，并且不将个人的喜怒哀乐寄托在伴侣身上。久而久之，你们就能更加包容彼此的优缺点，享受一起动态成长的亲密关系。

思考问题

- 你在婚姻中对伴侣有过哪些不切实际的期望？
- 你最容易陷入下列哪种通向成熟的弯路？
  - 冲突与疏远。
  - 过度支配或过度迁就。
  - 关注孩子或第三方。
- 为了在婚姻中更加成熟，你应该更关注什么？

Growing
Yourself
Up

第 7 章

成年人的情感生活

两个对比鲜明的故事

男人（女人）需要亲密关系，但无法适应过度亲密的关系。[1]

——默里·鲍文，医学博士

意义深远的性生活更多时候由个人成熟度决定，而非心理反应。[2]

——大卫·施纳迟，博士

过去一年，彼得和乔茜只有过两次床笫之欢。彼得没有任何怨言，因为他觉得如果乔茜并不乐在其中，那么他也无权勉强她。乔茜说她从来都不喜欢做爱，并将此归咎于母亲，因为母亲总是抱怨和父亲的性生活——这是上一代传递给下一代的强大信息。14 年的婚姻和爱情如今变成这样，乔茜和彼得都很失望。乔茜心里充满了对彼得的怨恨，因为他辜负了她的期望。彼得非常怀念曾经亲密的性生活，但他从来不和乔茜讨论这个问题，因为他担心这样会被乔茜厌恶。他选择了继续疏远乔茜，这样让他更有安全感。

与乔茜和彼得夫妇刚好相反，谢丽尔和休一直以来都保持着亲密无间、大胆刺激的性生活。他们结婚已有 8 年，生了两个孩子，但这丝毫不影响他们的性爱频率。即使是刚吵完架，他们也能通过愉悦的性爱重归于好。

你一定以为这对夫妻的婚姻非常美满，在有两个孩子后依然还有这么和谐的性生活。他们表面上如胶似漆，实际却面临着出轨和情感破裂的问题。谢丽尔和休受到 20 世纪 70 年代嬉皮士文化的影响，一直保持着开放式婚姻关系。他们经常参加放浪形骸之人的聚会，并相信这样的自由能促进他们的婚姻和谐。然而当谢丽尔开始和聚会上的一个人频繁见面时，他们的开放式关系开始分崩离析。那个人已婚，是他们的共同好友，这段婚外情愈演愈烈，以至于威胁到了谢丽尔和休的婚姻。他们感到这段婚姻已毫无激情可言，两人开始形同陌路。他们不再兴趣相投，同时还失去了保持联结的意愿和信心。

不同的故事，相似的问题

这两个截然不同的故事来源于我的咨询案例，令人惊讶的是，它们反映的问题却十分相似。两对夫妇都不知道如何在婚姻和性爱中维持成熟的亲密度。彼得和乔茜压抑自己的失望情绪，闭口不谈令人失望的性生活，勉强维持着和谐的关系。休和谢丽尔通过频繁做爱来逃避两个人的差异，逃避作为独立个体相互联结。两对夫妇都在回避解决让他们感到不适的问题。

休和谢丽尔都坦言他们做爱时会把对方想象成其他情人，这使他们得以回避坦诚相待的压力。就像彼得和乔茜的问题一样，他们不知道如何向对方开诚布公地表达各自的渴望、不安全感和分歧。

成长挑战

比起亲密关系中的其他因素，性关系更容易让我们对亲密和疏远产生焦虑。我们对被爱和被认可的欲求总是能在性爱中得到极大满足。做爱时的身体交融能立刻让我们找回婴儿时期的安全感。然而，当我们将性爱作为获得欢愉、关注和认同的唯一方式时，我们的性关系是不够成熟的。亲密的身体交融能带来畅快淋漓的愉悦感，但如果我们失去自我，忽视彼此的独立性，性爱会变成一种压力。

正如前一章所言，成长的挑战在于你需要在关系中认清自我，而不是关注别人能为你做些什么。在性生活中，这需要你忍耐对性爱的不安全感，同时在性爱中保持自主性。你不应该片面地看待对方的反应，而应允许他们坚持自我，接受彼此对性爱的热情不可能总是保持同步的现实。

很多人都倾向于用性爱获得他人的认同。此外，以性为噱头的营销文化更是助长了这种倾向，性几乎能成为一切商品的营销噱头，例如巧克力和游泳池。当我们在性关系中失去自我、对伴侣过度关注和敏感的时候，我们很容易在这种不舒服的亲密关系中感到窒息。在这样的情况下，我们很容易陷入互相疏远的关系模式。我们可能会像彼得和乔茜一样在身体上互相疏远，也可能会像休和谢丽尔一样在情感上互相疏远——他们虽然彼此之间仍有激情，但心意却并不相通。陷入后一种关系模式的伴侣表面上对性感兴趣，实际上不过是同床异梦。

轻浮的性行为或色情的性幻想很容易成为人们用来逃避其他焦虑的关系带来的压力的庇护所。人们可以从中获得一种亲密的错觉，而且不需要在这种关系中寻求真正的理解。一旦双方确定关系，变成朝夕相处的恋人，性爱就无法继续发挥这种庇护作用。婚姻中的性关系有助于伴侣增进感情，但如果将性爱作为逃避真实自我的庇护所，那就另当别论了。

把内在的成熟带入卧室

休和谢丽尔曾经尝试过分析他们之间出了什么问题，但最终他们选择了坚持原来的方式。谢丽尔认为她在婚外情中投入太多以至于没精力修补和休的关系。他们知道关系变成这样两个人都有责任，但他们能够接受这种疏远的关系，不会因为伴侣的婚外情感到痛苦。

彼得和乔茜的情况就不太一样，他们二人能够坚定地努力在婚姻中保持成熟的性关系。为了以更成熟的方式处理他们之间的性问题，他们首先试着理解彼此在原生家庭中的关系互动模式。

彼得认识到了原生家庭对自己的影响，他成长于一个不惜一切代价避免冲突的家庭。他还发现，这种回避冲突的模式不仅影响了他的性生活，还影响了他和乔茜的和谐关系。彼得在工作中会更有自信，因为他经常获得同事的认可，但回到家中，他为了维持和乔茜的和谐关系，变得越来越没有主见。

彼得渐渐明白了他的婚姻问题的症结所在。他自我反思道：

> “我要立刻改变这个问题。我越是迁就乔茜，我在家庭中承担责任的精力就越少。我可以看到，我已经在很多答应要为孩子们做的事情上半途而废了。我在家庭财务问题上也是漫不经心。我并不是有意为之，而是不知不觉就走到了这一步。我太容易迁就乔茜了。”

乔茜继承了母亲对于性生活的消极看法，但她也意识到这并不是她逃避性爱的唯一原因。她谈到最初对彼得感到心动的主要原因：

> “我很爱他的绅士风度。他从来不会像我父亲那样乱发脾气。我青春期大部分时候都不得不听母亲对父亲的抱怨，因为他总惹她生气。当彼得出现时，我觉得他仿佛是带着光环的骑士，他具有一切我父亲没有的优点。”

作为家中的长女，乔茜一直承担着照顾其他家庭成员的责任。在婚姻关系中，她也总是承担更多家庭事务，比如照顾孩子、支付账单、处理人情往来、与双方父母保持联络等。这是她兼职工作之余最重要的事情。刚结婚时，她很享受性生活。日子久了，随着照顾彼得和孩子们的负担越来越重，她对彼得的怨念也越来越深。但乔茜并没有考虑如何合理分配家庭责任，而是不遗余力地想改变彼得，她总是唠唠叨叨地让他做这做那。彼得为了保持和谐的关系，总是心不在焉地听从乔茜的吩咐做事情。由于彼得对各种家务事心不在焉，他常常会忘记或逃避自己承诺过的事情。乔茜的埋怨和彼得的缺失感与日俱增。当他们发现了这些问题后，他们明白了为什么他们的性生活会那么不和谐。

停止指责，积极改变

我第一次见彼得和乔茜夫妇的时候，他们都认为自己对这段婚姻投入了很多。这种信念促使他们非常努力地理解对方，即使是在他们感到这段关系正走向幻灭的时候。他们没有相互指责，而是努力理解他们之间的“跷跷板模式”，由于乔茜在关系中处于上位，而彼得处于下位，导致他们之间缺少真正的亲密。同时，当他们试图努力改善这种不平衡关系时，乔茜谈到她希望可以改善性冷淡的问题。为了解决他们之间的性关系问题，乔茜决定计划一些特定的日子和彼得做爱。彼得对此表示支持。他们喜欢用“积极改变”这种态度来解决他们的习惯性回避问题。乔茜积极主动地想办法消除他们之间的隔阂，并试着恢复亲密的性关系。她这样做并不是出于满足性需求，而是希望能够化解她的性焦虑。她表示：

> “我还是无法轻松地享受性爱，向彼得示弱让我感到不安。当我们开始亲近彼此时，我必须拼命压抑自己的负面感受。我坚持这样做的动力在于，我希望改善我

们的婚姻关系，我不想要一段没有激情的婚姻。有趣的是，最后我竟然开始享受性爱，而且和彼得的感情越来越好。这种状态持续了一段时间，极大地改善了我对彼得的挑剔态度。”

对彼得和乔茜而言，改善性关系和过去的相处模式是一个非常曲折且艰难的过程，但幸好他们很快就达成共识，一起努力做出了积极改变。他们都意识到了自己的问题，如果继续一味指责对方，他们将永远无法解决问题。乔茜努力让自己去享受婚姻的亲密和甜蜜，而不是关注彼得身上的缺点。彼得努力转移注意力，不再小心翼翼看乔茜脸色行事，生怕惹她失望。

接下来的几个月，他们给我的反馈不再是和性关系相关的消息。他们的关系得到了极大的改善，因为他们克服了自我怀疑，并在性关系和生活中的方方面面都努力呈现最好的自己。彼得和乔茜的故事再次证明了成熟的亲密关系的悖论：当我们不再关注关系本身，而是努力承担责任，坚持独立的自我时，我们就能收获更深刻的亲密关系。

克服对进度的焦虑

你知道如何在性关系中保持成熟吗？在婚姻中培养成熟的性关系需要时间。这需要你克服天性的软弱，既不过度黏人也不轻易退缩，或是期望伴侣带给你安全感。我希望你能听我一句，虽然这不过是老生常谈的道理：成长需要忍耐不适感，并且需要不依赖他人来克服不适。这就好像小孩子在没有妈妈的陪伴下第一次独自走路上学。这种时刻，孩子一定会非常紧张不安，很容易半途而废，跑回家找妈妈，但克服这种焦虑并坚持走到学校带来的成就感有助于孩子变得更加坚强独立。

如果我们能够基于人格的成熟来表达性需求，而不是单纯地考虑肉体上的那些因素，我们就可以享受性爱的欢愉，同时保持亲密的联结。西方社会主流将性爱作为人生头等幸事大肆推崇，以至于很多人不知道如何享受自己的性感魅力，也不知道如何享受与爱人的性爱欢愉。放低对性爱的期望，将其视为一种本能反应，可以帮助我们缓解焦虑，从而让性生活更轻松愉悦。

婚姻的终身契约性质使我们不必急于搞清楚如何在一夜之间实现和谐的性关系。如果你能在婚姻中解决边界感模糊的问题，找回自我，你就能拥有更多选择。你可以停止从伴侣身上寻求自我满足感，放弃一些焦虑不安的自我防卫，释放自我的天性，拥抱幸福的情感联结。

性和其他成长挑战没什么不同，它也能让我们有机会学会忍受独处的不适感，同时与更重要的人保持情感联结。它还让我们学会悦纳自己的不完美，并感受到与另一个不完美的伴侣进行肌肤之亲的快乐。

思考问题

- 你会如何在性关系中逃避不安全感？你是否会对性产生生理上或心理上的排斥感？
- 你如何在性关系中处理认同与反对的问题：你认同我吗，我认同你吗？
- 你该怎么做才能保持合理的性期待，认清人无完人的现实？
- 你该怎样学会忍耐亲密关系中的不适感，而不是封闭自我以逃避压力？

Growing
Yourself
Up

第8章

成熟育儿

为下一代树立榜样

孩子通过对父母做出反应来发挥自我的功能，而不是对自己负责。如果父母能将重心从孩子身上转移到自身，对自己的行为更加负责，孩子或许在试探完父母的态度之后会自发地承担更多个人责任。[1]

——迈克尔·科尔，医学博士

父母是文明的希望。这在很大程度上取决于父母能否与伴侣和孩子保持有意义、积极的关系。如果可以，这一代人就能为应对和扭转一些不良趋势做好准备。[2]

——罗伯塔·吉尔伯特，医学博士

如果说婚姻是我们成长过程中最具挑战性的关系问题之一，那么为人父母会让我们的婚姻关系问题变得极具破坏性。我们会无意识地利用孩子转移我们的迷茫、发泄未能疏解的怨恨或实现未能实现的抱负。要想成为成熟的父母，我们应该在与孩子相处的过程中避免带入成年人的问题。这绝非易事，因为我们总是无意识地就陷入了迂回模式。这个任务也许比以往任何时候都更难实现。在当今这个焦虑蔓延的、以孩子为中心的社会，为人父母者要能够管控住自己的情绪。我们要将重心转移到自身，努力成为更负责任的人，而不是一味地为孩子付出和担忧。这是不是听起来很耳熟？

当代父母的育儿焦虑

在我生活的社区，早高峰时段最糟糕的经历是送孩子上学。疲惫不堪的家长们赶在上课前几分钟把孩子送到学校。他们要检查孩子是否带齐了当天上课需要的作业和课本，还要带上课外活动所需的运动包、乐器和笔记本电脑，然后开车送他们去学校门口。曾经成群结队的孩子们走路或骑车去上学的景象现在已经非常罕见了，这是怎么回事呢？

随着生活节奏越来越快，我们对不确定的未来的焦虑似乎也在不断攀升，社会对孩子的关注也越来越多。如今，孩子们独立思考和解决问题的空间更少了，这是因为家长和学校把他们的日程安排得满满当当。数据显示，虐童案件通常发生在家庭内或只有家人知情。出于对“陌生人危险”的担心，家长们不敢让孩子离开大人半步，导致如今孩子们独自上学的景象很罕见。在与日俱增的结果导向风气下，家长们在孩子的家庭作业上投入得越来越多，以免孩子落后于他人。如果一个孩子在学校不慎跌倒，家长们就会投诉学校对孩子的保护措施不到位。学校便会推行一系列专业的干预措施，让孩子免受伤害。结果，很多孩子在面对校园欺凌时变得更加软弱，在学习上缺乏自觉性。当他们进入青春期后，他们对新的自由感到手足无措，不懂得如何承担责任。

儿童心理学不断变化的建议并不总能帮助到那些希望为孩子尽心尽力的父母。乔治梅森大学的社会历史学教授彼得·斯特恩斯（Peter Stearns）研究了20世纪美国父母的育儿趋势。他指出，20世纪开始出现的各类育儿手册，既为焦虑的父母们带来了出路，也加剧了他们的焦虑，以至于“一个世纪以来广大父母和孩子对自身能力感到焦虑”。[3]随着父母们开始向外界讨教育儿经，他们很容易变得越来越不自信。

当你迫不及待地插手帮孩子排忧解难时，你是否能意识到其中的困难之处？如果你想帮孩子增强适应能力，你首先应该提高自身的适应能力，在孩子遭遇挫折时保持淡定，而不是急于替他们摆平一切。成熟的父母，要想为孩子提供爱的能量，应该先做好自我成长的准备，而不是利用孩子来实现自己的愿望。

用你的成熟帮助孩子成长

没结婚时，艾德和琳达喜欢遥想未来——等他们有了一定的经济保障，就有望组建一个家庭。刚结婚那几年，他们喜欢憧憬未来会拥有的大家庭。他们一致认为将来他们的孩子一定会在浓浓的爱意中长大。

琳达认为她的父母对孩子非常冷漠和疏离。她有一个妹妹，每当想起妹妹瑞贝卡因抑郁和在学校遇到的种种困难而备受折磨，她就感到很痛苦。她的母亲，在父亲的支持下，倾尽全力帮助瑞贝卡。虽然父母付出了努力，但琳达觉得她妹妹之所以陷入这样的挣扎主要是因为家人之间缺乏感情。她下定决心，等她有了自己的家庭后一定要改变这个局面，她要给孩子足够的关心、赞美和温暖。

艾德支持琳达的这种想法。在他的原生家庭里，父亲下班后总是借酒消愁，家里人总是战战兢兢，生怕惹父亲发火。艾德很庆幸自己能拥有琳达这么好的妻子，他认为她会是一个非常好的妈妈。对于当爸爸这件事，他感到非常焦虑，但他相信琳达会引领他共创一个两人都很憧憬的幸福家庭。

五年内他们有了三个孩子。由于长期睡眠不足，加上在孩子身上倾注的心力，琳达和艾德感到筋疲力尽。艾德开始出现过度疲劳的症状，他担心自己无法继续胜任教师的工作。琳达支持他去看医生，以维持正常的生活状态。

就是这样，我得知了他们一家人的故事。艾德前来咨询是想解决他的焦虑和疲劳问题。我记得他说："我只是想做个好爸爸和好老公，可我最近感觉自己一无是处。我现在恨不得一走了之，躲到一个不用承担任何责任的地方去。"

当艾德反思他的为父之道时，他意识到自己过度沉迷于肯定和指导孩子。随着他对大儿子感到越来越不耐烦，他觉得非常崩溃。他担心自己会变成他父亲那样：暴躁易怒，不关心孩子。他和琳达几乎读遍了市面上所有的育儿书，可是他们读得越多，越发感到困惑。他们有个七岁的儿子哈里，现在越来越躁动焦虑，还有个五岁的女儿莎莉，总是不听话。艾德和琳达为了管教这两个孩子可谓绞尽脑汁。艾德感觉自己每天的时间都被孩子们填得满满的，在他们不听话时训斥他们，不许他们看电视，哄他们睡觉，表现好时用贴纸奖励他们，等等。大儿子哈里在学校的表现也开始令人焦虑，老师们担心他跟不上阅读课的进度。艾德感觉到哈里十分害怕在学校里犯错误。

当艾德和琳达一起来见我时，我发现琳达在育儿过程中也很崩溃和迷茫。她说："我一直很努力地关注和尝试最新的育儿方法，了解儿童发育知识。你简直无法想象当我看到两个孩子不听话或者不开心时有多泄气。"

过度专注于培养快乐的孩子

琳达和艾德太想成为完美的父母了，所以他们才会向他人借鉴专业的育儿方法。可问题是，当他们把重心放在那些育儿书籍和课程上时，他们是在借用他人的智慧，这意味着他们的内在成人没有因此得到成长。成长型父母在遇到问题时应该首先反思自己，而不是急于听取专家的意见。另外，过度依赖育儿经还会导致父母忽视自我成长。成熟的育儿方式并不在于采用高明的手段，而在于培养父母的性格。我记得艾德开始意识到这个问题时说："哇，我从来不曾想过，为了培养健康幸福的孩子，我投入了多少精力。一直以来我几乎没有为自己考虑过，难怪我会陷入这种崩溃状态。"

艾德开始意识到，在用特定的方法管教孩子时，他忽视了自己想做个好爸爸和好老公的初衷。当艾德试着把注意力从管教孩子转移到管理自我时，他开始关注自己是否经常会试图怂恿、拉拢或称赞孩子。他还开始练习如何适当放手，并思考如何管理自己的情绪并让孩子明白他的立场。这使他更加清楚，他愿意为孩子付出什么，以及他期望孩子学会为他们自己做什么。虽然任何形式的成长都需要慢慢积累才能收获卓有成效的进步，但艾德很快就看到了将注意力从管教孩子转移到提升自我上来的益处。

艾德的进步感染了琳达，她也开始从过度担忧孩子转向关心自己。结果，他们俩开始与对方交流更多自己的事情，包括他们各自的经历和挑战，以及生活中那些令他们备受鼓舞的各种事情。他们不再为如何帮助孩子而喋喋不休，而是更多地谈论他们的价值观，以及如何平衡好孩子和自己的生活。他们开始重拾从前让他们相谈甚欢的幽默感，这种幽默感曾一度因为养育孩子而被他们抛诸脑后。

明确期望

艾德汇报了他在自我成长方面取得的进步。比如，最近他和琳达一起去参加了哈里的家长会，和哈里的老师讨论孩子跟不上学习进度的问题。艾德反思道：

> “我可以听进去老师的担忧并询问她一些问题。我第一次能够独立思考并给出自己的不同见解。我对老师说我可以在年底检查哈里的学习情况，但我认为他的问题绝大部分是因为他太想满足所有人的期望了。我坚持认为自己眼下面临的责任是帮助哈里卸下负担。”

他接着说老师建议哈里上阅读强化班，他明确表达了他的新观点，他认为哈里目前最需要的是松口气，让他发现自己的学习潜力。琳达对这个办法不太确定，但她愿意试试看。老师虽然也不太放心，但她很乐意看看下学期会有什么进展。

之后，艾德和儿子的互动变成了这样：

哈里：“爸爸，我不会读这些！你能不能过来给我读一个故事？”

艾德：“哈里，等我打扫完卫生就来你房间。等我来了，我们再一起读你课本上的故事。”

哈里开始发牢骚：“妈妈，爸爸不给我读故事。爸爸，你太小气了！”

艾德平静坚定地回答：“哈里，该说的我都说了。等我忙完了就过来陪你读书。”

艾德和琳达没有继续理会儿子的抗议。当艾德像往常一样到儿子房间时，他说："给我看看你读到哪里了，我来陪你读接下来的三页，我们轮流着来。"

艾德没有检查哈里读了多少，而是陪他一段一段往下读。他没有刻意称赞哈里的努力，而是问他为什么喜欢这个故事以及最喜欢哪个角色。

艾德很有动力去改变过去的育儿方法，因为他知道那样对孩子和自己的健康成长都没有好处。他下定决心不再盲从最新的育儿经，而是开始重视自我管理。同时，他还开始修补与年迈的父母之间的疏远关系，并创造更多机会和琳达享受二人世界。艾德明白，他必须抵抗住哈里对他的依赖，他担心哈里表现出彷徨无助的样子会让他忍不住重蹈覆辙。他早就发现，哈里独自一人时往往能取得超乎他们想象的成果。

成熟的父母有助于孩子成长

我能理解艾德和琳达找回自我的心路历程。记得我初为人母时，也曾急于找到正确的育儿方法，让孩子免受伤害。为此我倍感压力。我不确定自己是否能够胜任母亲这个角色，这让我心烦不已。很多父母或多或少都会遇到类似的苦恼，不知道该如何适度地关心孩子。认真尽责的父母总想着一切为了孩子好，为了孩子的幸福拼尽全力，却忽视了自我成长。

下面简要描述了父母对孩子过度担忧会产生什么结果，看看你是否和很多尽心尽责的父母一样也经历过下面这种循环模式：

- 在父母的过度关注下，孩子会逐渐习惯这种令人紧张的监视，并随着自我意识的增强开始做出回应。
- 孩子的焦虑性回应可能是更强的依赖性或过激行为。受到刺激的孩子常常更容易做出冲动、苛刻的行为，而黏人的孩子会变得更加黏人。
- 另一方面，父母可能会为了弥补孩子而增加对孩子的关注，要么是对孩子的行为进行指正，要么是给予更多关怀。在这种关心驱动的循环模式中，父母放弃了独立的自我，而孩子则在回应父母过度关心的过程中借用了父母的一部分自我。
- 受到刺激的孩子在想办法让自己镇定下来并遏制冲动行为方面的能力有限，黏人的孩子在学习管理自我焦虑时容易妥协。

当孩子举止焦躁不安时，人们很难发现其中涉及的亲子关系的互动模式。人们很容易认为问题出在孩子身上，毕竟他们有明显的症状。另一方面，有人会责怪孩子的父母太松懈或太苛刻。人们很难意识到，这种问题往往是关系双方之间的互动反应造成的，而不是个人的原因。父母和孩子都会对对方的某种行为产生影响。例如，当一个孩子哼哼唧唧地撒娇时，我们很容易认为问题出在孩子身上，而不是整个亲子关系系统。父母面临的成长挑战在于，他们要认清自己为了帮助孩子所做的努力很有可能会助长孩子的焦虑性回应。

父母对孩子进行的消极或积极的过度管教往往是受到另一段紧张关系的影响。他们与自己的父母或伴侣之间尚未解决的矛盾很容易被转移到亲子关系中，使得他们试图在下一代身上弥补一切。在这个过程中，父母不再就自身的担忧和不安进行直接沟通，而是不知不觉让孩子走入父母的关系裂缝之中。

孩子很容易被用来填补父母婚姻的裂痕。要想解决这个问题，父母一方或双方要将注意力从孩子身上转回到自身的问题和责任上。成熟尽责的父母有明确的内在准则，这有助于为孩子的自主成长创造更多空间。

健康的亲子关系

你可能会认为，当我们强调将父母的注意力从孩子身上转移到自身的责任上时，我们忽略了孩子安全成长所必需的关系纽带。父母和孩子之间的情感羁绊与生俱来，因为胎儿还在子宫中时便能分辨母亲和其他人的声音。健康的亲子关系需要我们对孩子保持适度的关心。在理想化的亲子关系中，当父母察觉到孩子不太听话的初始迹象时，他们会感到无法容忍，因为这威胁到了他们想象中的完美亲子关系，于是他们会对孩子采取最糟糕的冷落和拒绝的态度。过度理想化的亲子关系反而会使父母对孩子采取令人窒息的管教方式，进而妨碍孩子发展独立人格。

下面分别罗列和对比了健康成熟的亲子关系与失调的亲子关系的特点。在鲍文的家庭系统理论中，后者也叫作**融合**。

健康成熟的亲子关系

在健康成熟的亲子关系中，双方能够：

- 既享受彼此相伴，也享受独处。
- 互相温暖，互相尊重。
- 温柔相待，充满爱意。
- 容忍对方的小脾气。
- 在不伤感情的情况下表达不同意见。
- 对自己的行为负责。
- 举止稳重。

失调的亲子关系

相反，在失调的亲子关系中，双方可能：

- 对分离感到难受。
- 需要对方始终喜欢自己。
- 期待对方取悦自己。
- 因害怕冲突而不发表己见。
- 猜测对方心思，替对方说话。
- 重视亲子关系而忽视自身责任。
- 举止焦躁。

从失调的情感联结到健康的情感联结的转变能为亲子关系带

来显著改善——实际上对所有关系都是如此。一位 15 岁孩子的母亲最近向我描述了这种变化：

> 在我开始解决与我的女儿苏菲的关系问题前，她正从叛逆期转向孩子气的黏人阶段。以前她经常会大晚上从卧室窗户爬出去和朋友鬼混，接着突然又像个宝宝一样坐在我身上希望我抱抱她。她的叛逆和黏人都让我感到头大。但这几个月，随着我变得越来越开明，她对我也多了些尊重。我不再停下手上的事情给她拥抱，而是和她一起去喝咖啡，她也比从前更健谈了。上周我注销了她的手机号，她好几天都没和我说话。但昨天她开始跟我讲述她的纺织课作业，还问我过得怎么样。我觉得，随着年龄渐长，我们开始可以像好朋友一样相处。

育儿方式如何暴露我自身的不成熟

结婚四年后，我和丈夫大卫非常幸福地迎来了我们的第一个孩子杰奎琳。她是我们家族的长孙，这对我们大家族中每个成员而言都是意义重大的新篇章。所以，杰奎琳和其他家庭的长子或长孙一样被众星捧月般呵护也就不足为奇了。在这种环境下成长的孩子很难容忍自己默默无闻地淹没在人群中。

我们很爱自己的女儿，也很感激整个家族给予她的厚爱。当杰奎琳出现夜间腹痛症状时，我费尽力气哄她睡觉，同时开始担心她哭那么长时间会对她产生有害影响，而作为父母，我们却不知道如何安抚她。和许多初为人母的人一样，我担心她可能会因为各种意外而留下伤痕。

我承认我对为人父母后面临的种种变化毫无准备。在怀孕期间，我的婚姻还非常稳固，但孩子出生后我们面临着许多需要协商的新问题。我们应该如何分担照顾孩子、处理家务和应对财务状况变化的任务？再多攻略建议也无法让我为睡眠不足和需求渐增做好准备。自从我们有了孩子，本应享受婚姻生活的时间全都让位给了初为父母的压力。

在这种情况下，我没有察觉并想办法缓解自己初为人母的焦虑，而是将所有精力放到了杰奎琳身上。由于无法直接面对自身的焦虑，我对杰奎琳的任何一丝不安全感都异常敏感，我总是用宠溺和纵容来回应她的不安。结果毫不奇怪，杰奎琳三岁的时候总爱哭闹，当妹妹凯蒂出生时，她表现出明显的嫉妒。她会通过攻击行为表达她的嫉妒，比如将妹妹头朝地推倒，用新的儿童剪刀给妹妹剃“朋克头”。二十年后，回首这段“朋克头”往事令我们忍俊不禁，如今回想起这段插曲我才明白，这不仅仅是童趣。我对大女儿的过度关注没有让她学会如何与妹妹分享。

在喜忧参半的早期家庭生活中，大卫和我一直是跌跌撞撞摸索着前行。我一门心思扑在孩子身上，自以为这是她们所需要的，也是溺爱孙女的祖父母所期望的，结果在这个过程里我的

“内在成人”有点迷失了方向。在人生的这个阶段，为了变得更加成熟，我需要适当转移一部分生活重心，不再一味取悦孩子和家人，而是关注自我成长。

奖惩机制：从幼犬管教中得到的启发

每当我发表关于育儿方面的演讲时，总会有人问：“请问我该怎么做才能让孩子听我的话呢?”很多父母都想找到能有效管教所有年龄段孩子的方法。无效的管教方法非常明显：情绪失控、冲动打人、施加威胁，没有人会支持用这样的方法管教孩子。

沉着冷静、教子有方的父母一般采用的管教方法包括鼓励小憩、忽视不良行为和取消特权。我们熟知的鼓励良好行为的方法包括表扬、给予额外特权和奖励，例如礼物和星星奖励表。在许多方面，这些方法都无可挑剔，能为儿童和青少年带来积极的行为改变。然而，我想问的是，你们能否看出来这些方法还缺少什么?

管教子女的行为方法都聚焦于影响孩子的行为，而不是父母的情绪管理。虽然管教孩子和管理宠物有很大不同，但在训练我的宠物亨德里克斯（1 岁的可卡犬）的过程中，我发现有些方法和育儿是相通的。食物奖励对亨德里克斯非常有效，它会顺从地听从我的“坐下”“下去”“别动”“过来”等指令。如果有食物奖励，我甚至可以让它把球递给我让我扔出去。问题是，现在当我给它食物奖励并夸奖它时，它认为是它在主导我。我意识到，奖罚分明并没有帮我赢得作为主人的尊重。和我的小狗更有效的相处方法是，我要向它传达平静而强大的领导力，在它服从指令和平静下来之前绝不继续进行下一项活动。这种方法强调的是我作为主人应该付出的努力，而不是针对狗。当主人掌控一切，不容忍狗的焦虑和主导行为时，狗能察觉到这些并采取相应反应。

当然，我们的孩子在思考能力和记忆能力方面与狗大不相同，但人类和其他群居哺乳动物之间的共同点要比我们想象中的多。最近我在训练亨德里克斯的过程中得到的一些心得，与对我的孩子最有帮助的理念是一致的。管理自己而不是借助于外部激励机制的成长方法没那么简单，但是从孩子的心智成熟的长远发展来看，这种努力是值得的。

在育儿过程中，依赖于奖惩机制的最大弊端在于，孩子会学会看人脸色行事。这样会使他们总是不情愿地逼迫自己做一些事情，仅仅是因为这样做似乎会讨人喜欢。于是，这些孩子开始考虑他们的行为能为自己带来什么好处，或者怎样才能避免不讨人喜欢的事情。你们发现没？这样的方法根本不能引导孩子建立内在思维指导体系。

一个努力确定自我价值观，并在育儿过程中坚持自我价值观不动摇的父母，很有可能会比那些依赖针对孩子的育儿手段的父母取得更有效的育儿成果。这种针对父母自身而不是孩子的努力要通过“我”的语言和行动来传达。“这是‘我’在这个问题上的立场，‘我’将会这么做以支持‘我’的立场”，而不是“‘你’应该做这些，如果‘你’不这样做‘你’就要承担这样的后果”。

弄清“我”的立场

以下是坚持“我”的立场的主要原则。作为父母，应该做到：

- 着重管理自身，而不是孩子。
- 不试图控制能力范围之外的事务。
- 行胜于言，言出必行。
- 不将自己的愿望强加于孩子，给予孩子足够的个人发展空间。

以下列举了一些常见的父母会对子女说的话，还提供了能更好地反映“我”的立场的替换性表达：

> 与其说“快停下，不然我就把你关到房间里面去”，不妨说“这里太吵了，我得换个房间才能专心处理工作”。
>
> 与其说“如果你停止嚷嚷，我就在收银台给你买个小礼物”，不妨说“我没法在这种吵闹中购物，如果你继续嚷嚷的话，我就直接回家。我晚点儿再回来买东西，那样的话今天下午就不去公园了”。
>
> 与其说“如果你每天晚上花一个小时写家庭作业，我可以奖励你额外的零花钱”，不妨说“我觉得你要对

自己负责，努力完成学校规定的任务。如果你没有及时完成作业，到了最后关头我也帮不了你”。

与其说“如果你继续和弟弟打闹下去，我就没收你们的游戏机”，不妨说“我希望你们俩学会和睦相处，我相信你们可以想办法做到的。如果5分钟后我回来，你们还没想好怎么办，那我今天就不打算让你们继续用电脑了”。

与其说“你竟敢顶撞我？你被禁足了”，不妨说“你太不尊重我了，我无法忍受这种侮辱。我决定今天不开车送你去朋友家了”。

与其说“好啦，看你一脸茫然的表情，我就知道你家庭作业根本没做多少，明天就要交了，我来帮你做吧”，不妨说“我明白你在抱怨这些作业。等我完成手头的任务，我可以听你发牢骚，但我不会帮你做作业”。

与其说“你要是不立刻停止发牢骚，我就取消这周所有的公园活动”，不如你可以选择不做出任何回应，继续忙自己的事情。

与其说“太棒了！这是我见过画得最好的树。你将来肯定会成为伟大的艺术家”，不妨说“我对你的创作很感兴趣，我想听听你的创作想法”。

与其说“你又结交了很多新朋友，真是勇气可嘉！你一定会比之前更快乐”，不妨说“我觉得认识新朋友是很有趣的事情。你觉得认识班上更多同学会怎么样”。

表达“我”的立场并没有魔力。真正起作用的不在于话语，而是父母的内在信念和坚持践行的毅力。当孩子取得一定成绩时，父母可以真心地表达他们的兴趣，而不必试图让孩子产生某种感受。面对孩子的不良行为，父母表达自己的立场后，孩子能感到父母内在信念的变化，经过一段时间的试探，他们便会开始主动改善自己的行为。

父母需要专门花些时间想清楚这一切，了解自己的底线，并想好如何做到言行一致。做好准备，孩子会不断试探你，看你是不是真的说到做到。同时，你还要做好言出必行的准备。经过一段时间的考验后，孩子会逐渐意识到他们的父母是明事理、讲信用的成年人，而不是会冲动行事的人。

当孩子的青春期碰上父母的不成熟

对孩子处于青春期的父母而言，关注自身的言谈举止尤其困难。有时，青春期的孩子太冲动莽撞、热血澎湃，以至于父母会忍不住将注意力转向管教他们。很多父母告诉我，他们希望能给孩子 13 岁到 18 岁的这段时间按下快进键。虽然孩子的青春期容易让父母偏离轨道，但这一阶段也提供了一些宝贵的实践机会，让父母变得更加成熟。

克莉丝汀努力为 17 岁的儿子赋能的故事为我们提供了一个很好的示范案例。初次见面时，克莉丝汀因为担心儿子汤姆显得心神不宁。汤姆经常坐在电脑前熬夜熬到很晚，和家人，尤其是和母亲相处时，越来越喜怒无常，咄咄逼人。迫于母亲的压力，汤姆勉强答应去看看学校的心理辅导员，但克莉丝汀想看看她自己能做些什么来帮助儿子。我问她最近在什么事情上消耗了最多的精力，她回答说："我最担心的是汤姆的学习成绩。去年看到他的成绩单时，我非常震惊，没想到他的成绩竟然下滑那么多。我过去一直相信，在我所有的孩子里，汤姆是最聪明最有潜力的。"

我接着问她之前如何应对汤姆成绩下滑的问题，她回答说：

> "我一直在试着激励他，使他的学习习惯达到可接受的水平。我们花很多时间一起制订学习计划，帮他回归正轨。我时不时地会问他是否需要我的帮助。我就是觉得，如果他的成绩不能回到从前的水平，他的自尊也会随之下降。"

我和克莉丝汀一起探讨了她的育儿方法，看看哪些方法能发挥作用，哪些方法没有效果。她能看到自己的某些方法实际上对汤姆以及他们的母子关系都没有帮助。明白这一点后，她重新明确了自己作为母亲的责任。为了更好地为儿子赋能，她做出了一系列改变，下面简要总结了一些她对汤姆说过的话：

> "我明白我不可能逼着你学习。你想付出多少努力，这个决定权完全掌握在你自己手中。如果你需要，我很乐意帮助你，但我不会挤压你的个人空间。我上床睡觉后，你就不可以继续玩电脑和上网了。我意识到，如果

我不加干涉，任由你熬夜上网，那么在这个问题上我也有错，错在允许你为了玩电脑而牺牲睡眠时间。”

克莉丝汀不再像从前那样总是毫无例外地给他额外的零花钱去社交，并且不限制他用车的次数。她表示，如果汤姆对她出言不逊，她就不会再满足他的任何要求。有时候，如果她不方便把车借给汤姆，她会开车送他去他朋友家，顺便在路上一起喝杯咖啡。

对克莉丝汀而言，控制自己不对汤姆的学习习惯指手画脚让她感到非常焦虑，因为她很担心他会像她弟弟一样因为不努力学习而辍学。她不断提醒自己老一套的方法是无效的，而且似乎会引起汤姆的过激反应。她知道，汤姆不一定能够找到促使他努力学习的自我驱动力，但如果这是他未来必须具备的能力，她必须停止插手，让他独立摸索完成。

几个月后，克莉丝汀跟我汇报了一些进展。汤姆不再像从前那么喜怒无常，而且还感谢母亲没有强行干预他的学习问题。他的成绩没什么进步，这对克莉丝汀而言是个挑战。她很担忧汤姆的未来，但她努力让自己保持冷静。为了防止汤姆在学习问题上将她彻底排斥在外，她和他分享了她弟弟当年辍学的经历，并告诉他，她已经意识到这段经历使她对他的教育有点过度紧张。她怀着尊重和好奇的态度听汤姆讲述他对高中毕业后生活的想法，并且不急着给出自己的建议。从那以后，她很惊讶地发现，汤姆会时不时在自己感兴趣的课程上征求她的意见。

此外，克莉丝汀还将注意力转向了她的婚姻，她意识到自己为了迁就丈夫做出了很大的妥协，在她一心扑在孩子身上时，她的丈夫越来越将精力投入到工作中。她开始和他分享自己的育儿感受，告诉他管教青春期的孩子是多么艰难，而不是像以前一样总是告诉他应该对汤姆说些什么以缓解她的忧虑。她还让丈夫和汤姆花更多时间单独相处，而不是像以前一样——每当她感到丈夫处理事情不够敏感时，她总是会迅速介入他们父子之间的关系，以平息事态发展。

管理好自己

当父母专注于做有原则的父母时，孩子的成长轨迹会更加平稳。这并不是说要把父母双方变成彼此的“克隆体”，面对孩子时总是保持同频。现实是父母双方都是不同的个体，因此育儿风格也会各不相同。这有助于让孩子提前适应生活的多面性，比如适应不同风格的老师以及之后适应不同风格的公司。此外，这还可以让他们在成年后具备更健康的心理调节能力。因此在育儿过程中，父母一方大可不必专注于纠正孩子犯的错误或寻求伴侣的支持，也不用对孩子的成长过度干预，只要努力让自己变得更加成熟就好。

以下检查表总结了父母应如何管理好自己并给予孩子足够的自我成长空间。请先注意，这是一种**理想状态**，没有人能百分百做到，但它可以让我们知道自己是否正在朝着成熟的方向努力。这些努力可以促进亲子关系形成更成熟的反应循环。

- 针对孩子的需求所做的决定不是一时兴起，而是深思熟虑后的结果。
- 父母双方愿意分享育儿心得，耐心倾听对方的想法。双方都不刚愎自用，而是能够独立思考并对自己的言行负责。
- 父母双方能相互交流各自的育儿焦虑，但不期待对方能替自己缓解这些焦虑。双方都愿意当倾听者，但不必承担为对方排忧解难的心理负担。
- 在与孩子相处的过程中保持自我意识，不要无端担忧孩子的幸福和健康。保持积极乐观的育儿态度，而不是杞人忧天，认为孩子需要特殊的关注和表扬。
- 父母双方都享受谈论孩子，并乐于见证孩子的成长。同时，双方都不过度育儿，而是腾出时间给自己和伴侣。
- 父母清楚他们能为孩子付出的界限。
- 父母双方各自管理好自己和孩子的关系，互不干涉或批评对方的育儿方式。
- 努力成为有原则的父母，并对自己的行为负责，而不是期望依靠对方来填补自己信心上的不足。
- 处理婚姻中的矛盾时，双方能心平气和地表达自己的想法，不轻易指责对方。双方能意识到解决婚姻中的问题是防止育儿矛盾的最有效的办法。

成熟的父母，既能成为孩子的坚实后盾，也能坚持言出必行的原则，不给孩子无理取闹的空间。面对坚定表达“我不会……”这样的立场的父母，孩子往往会言听计从；面对传达

“你不会……”这样的焦虑信息的父母，孩子往往会我行我素。

你是否留意过儿童和青少年在对父母或老师的注意力上的区别？你是否留意到13岁的孩子在面对父母说教时目光呆滞的表情？你会发现，孩子经常会对父母的说教做出叛逆或敷衍的反应。与此形成鲜明对比的是，孩子会在一个言出必行的成年人面前言听计从。当这个孩子发现了父母的坚定立场后，就会开始考虑自己的责任。这就是成熟的父母如何促进孩子成长的关键所在。

思考问题

- 你是投入更多精力去成为一名富有责任心的父亲或母亲，还是试图塑造孩子？
- 当你的一个孩子做出不负责的行为时，你知道自己愿意做什么，以及不愿意做什么吗？和“我”相比，你在育儿过程中使用“你”的次数更多吗？
- 你曾在什么问题上逃避与伴侣沟通解决，并将注意力转移到孩子身上？你和伴侣的聊天更多时候是关于你们自己，还是关于孩子？

第三部分

超越原生家庭，成就成熟自我

Growing Yourself Up

Growing
Yourself
Up

第9章

迈入职场

职场中的成熟差距

当我在指导员工甚至是在手把手教他们如何工作的过程中，我意识到自己在不同程度上把他们当孩子一样对待，却没有负责地做好我分内的事情。[1]

——默里·鲍文，医学博士

情绪系统是组织内所有人互相联系、互相反应、互相鼓励并互相惹恼的方式。它是空气中无声的嗡嗡声，当你走出电梯时就能感受到，它对领导力构成“隐形的挑战”，因为很少有人能意识到它的存在。[2]

——莱斯莉·安·福克斯（Leslie Ann Fox），文学硕士

凯瑟琳·格拉特威克－贝克

（Katharine Gratwick-Baker），博士

我在工作中可以很成熟。让我来设置一个我表现最佳的工作场景：万事大吉，一切尽在掌握，且公司财务状况稳定。如果这

种时候有人认可我的工作，那简直是锦上添花，我肯定能表现得非常成熟。但有个问题，相信你们也能发现，这些让我表现成熟的条件很难持久。意外情况随时都有可能发生，比如与员工的分歧导致的紧张情绪、因过度插手他人工作而导致的差错、推荐率的下降或者一些负面反馈。在这种情况下，我那看似冷静、清醒的内在成人随时可能会破窗溜走。

在紧张的气氛中，我容易习惯性地陷入不成熟模式，就像我在原生家庭中应对冲突的方式一样。我会让自己变得更加忙碌，承担更多的任务，通过假装的自我控制感来缓解焦虑。在这个过程中，我还会将别人的工作也揽给自己。我看上去就像个身兼数职的“神奇女侠”，然而实际上我的焦虑行为并没有带来很好的结果。当我在各大项目中过度插手时，我忽视了很多重要的职责，比如更新我的文书工作。随着这种趋势愈演愈烈，我会陷入微观管理的问题，插手他人的工作任务，还对他们的工作方式指手画脚。很快，我就感到负担过重，这时我内心的不成熟开始占主导地位。我开始发脾气，频繁地对同事吹毛求疵。为了平复情绪，我会开始回避他们。在这个阶段，我非常脆弱，揪着他人的过错不放，却没有反思自己如何一步步造成了这种焦虑模式。

我肯定不想和这种状态的自己在一起工作。我可以对每个人的工作职责有所了解，但我不应该每当对自己的工作感到焦虑时便插手和接管别人的工作。这种时候，我应该解决好自己分内的职责，而不是接管他人的职责。

过度担责和担责不够

当工作或任何关系系统中的压力增加时，有的人会减少能量，而有的人，比如我，会增加能量。我们很容易以为增加能量是件好事，但在焦虑的驱动下，这种反应不仅于事无补，还会弄巧成拙，妨碍他人。

我倾向于通过接管他人的事务来弥补自己的不成熟。举个例子，前阵子，鉴于有位员工延长了工时，我问她有没有什么好办法可以推广她的服务。她提议前去拜访几位医生，向他们介绍自己。我同意以研究所的名义给所有推荐人发一封邮件，通知大家我们最新扩大的咨询师团队。事后，我很好奇她是会付诸行动，还是会拖延。我开始在这件事上投入本不必花的精力，我质疑她的执行能力，同时还担心自己给了她太大的压力。我在想，我是不是应该分担拜访医生的工作。一个星期后，我问她事情进展如何，她说她还没来得及打电话和拜访。我立刻自告奋勇，要帮她打几个电话。值得称道的是，第二天她跑过来告诉我，说她想到一个扩展人脉的办法，并且不需要我帮忙。那一刻，我意识到，当我试图关照同事的弱点时，我就像是掌控欲超强的父母，而不是理应互相尊重的同事。

为了找回成熟感，我需要认识到，我已经将原生家庭的反应模式带入了职场。在原生家庭中，我总是通过帮助他人来缓解紧张气氛。在这种模式下，我会过度帮助和迁就他人，以缓解不适感。当我开始接管他人的工作的时候，我会变得越来越吹毛求疵。当工作中压力增加时，要想表现得更成熟，首先我要认清这种不成熟的反应模式，以及给他人造成的麻烦。我应该努力承担自己分内的职责（而不是他人的任务），并将我的宗旨和目标明确地告知他人。当别人遇到困难时，不论出于什么原因，我应该和他们保持沟通，耐心倾听他们对现状的见解。我要警惕自己的这种倾向：怂恿压力过大的同事放下手头的工作，暂且休息一阵。我总是忍不住要替他人分忧解难，接管他人的工作，从而恢复我们之间和谐相处的状态。

过度控制者在职场中迈向成熟的方法

针对那些在职场中倾向于过度接管或迁就他人工作的人，下面有几项建议：

- 当你为他人的工作费心费力、忽视自己的工作时，要及时察觉。
- 反思你正在忽视哪些分内的职责。
- 在面对他人工作上的不顺时，保持适当的边界感，给他们自行解决问题的机会。
- 克制自己的控制欲，不要过度干涉他人工作。

当家庭氛围紧张时，如果你倾向于替家人解决问题，那么你很容易在工作中也陷入这种行为模式。同样地，如果你习惯于让家人替你解决问题，你就很难在工作中对自己的选择负责。

你能发现在工作中替他人解决问题有什么不对吗？很多人

认为，这正是一个好领导该有的样子：帮他人渡过难关，提升绩效。我发现，替他人承担责任主要存在两个弊端。第一，这不利于他人培养独立自主解决工作难题的能力；第二，过度控制者容易忽视自己的重要职责。通常，过度控制者很容易感到倦怠，因为他们将太多精力集中到别人的工作上，以至于失去了自我意识。过度控制者可以发现他人的问题，却可能忽视自身的疲劳和孤独信号。他们可能会受到他人的崇拜，这能弥补他们的疲惫感，但是，他们牺牲了健康，还剥夺了他人独立解决问题的机会。

职场中的功能不足

面对工作压力，有的人会感到力不从心，无法完成分内工作，他们往往会和过度控制者形成一个恶性循环：前者放弃自我管理的能力，寄希望于后者的接管，而后者借此来稳定自我。不经意之间，关系双方的减压习惯均得到了固化。一方通过疏远他人缓解压力，而另一方通过帮助别人缓解压力。

在职场中，抗压能力较差的人很容易失职，招致批评或成为他人的替罪羊，并感到自己和团队越来越格格不入。这种反应模式很难逆转，因为面对关系压力时，人们总是不由自主地想要退缩。

理查德的挑战

37 岁的理查德就是身处这种退缩模式之中的一个例子，他在一家康复中心担任理疗师。每当他感到工作压力过大时，他都会陷入崩溃状态。我记得，他曾反思自己在职场的处事方式与在家庭和社区活动中大不相同：

> “我和朋友、妻子还有足球俱乐部成员相处时是那么轻松自如，但我在工作会议中却毫无建设性想法，这太令人沮丧了。那种时候我总是大脑一片空白，生怕别人会问我的看法，而我却没什么想说的。在职场和家庭中，我简直判若两人。”

理查德面临的挑战是，他在工作中难以应付自如，这让他很痛苦，甚至影响到他在生活中其他方面的信心。为了克服这种挑战，他首先厘清了这种行为模式难以改变的原因。他尝试过很多心理学技巧，希望以此纠正思维误区，并努力从焦虑情绪中抽离出来，但收效甚微，他在工作中的情绪空虚感几乎没有得到缓解。

对理查德和许多情况类似的人而言，这种退缩模式根植于童年时期原生家庭的关系相处模式。面对挑战时，他们无意识地养成了退缩的习惯，并让别人替他们排忧解难。理查德很怕辜负父亲对他的期望，对此非常敏感。在父亲身边时，他总是如履薄冰，生怕惹他不高兴。他的母亲会经常夸奖他，以此增强他的安全感，但同时也会要他帮忙迁就父亲。在理查德的成长过程中，他所记得的最大雷区是学习成绩不好。他的母亲会督促他努力提高学习成绩，以此来取悦他的父亲。

通过理查德的父母及原生家庭的故事，我们可以看到，他们对家庭和谐有着强烈的焦虑感，而且这种焦虑感在很大程度上被投射到了理查德的学习成绩上。当理查德明白了他为什么会在工作中感到畏畏缩缩和力不从心之后，他就可以接受自己一步一步慢慢变好。他发现自己对达成工作期望过于敏感，这妨碍了他成为独立的自我。他还意识到，通过帮助同事寻求称赞和回报的行为于事无补。关于这些心得，他说：

> “面对工作上的失误，我必须停止自我贬损，接受现实，直面这种压力和挑战。我要减少自我封闭，不再依赖他人来填补自身的不足，这个过程需要时间。我知道自己并不傻，但我也知道，我在工作中迷失了自我，将自己的责任交付给他人。虽然这并不容易，但我可以做出改变，即使内心很想退缩，我也会努力参与团队会议中的讨论。”

当理查德发现他的问题并非个人原因造成时，他的自我意识发生了明显转变。他意识到，在工作中，每个人应对压力的方式都不同，是大家互相之间的边界感导致了这种问题。

当压力增加时，有些人会选择退缩，而且很容易崩溃，他们对公司的态度会越来越消极，还会刻意回避那些和他们意见不一致的人。这种时候，他们面临的成熟挑战是难以抛开不适感，难以专心工作。职场中，功能不足者需要认清自身的问题，看清自己是如何无意识地将自己的职责交付于别人，以及他们的退缩倾向如何进一步促成了别人对他们的反应。

功能不足者在职场中迈向成熟的方法

以下建议可帮助你提升工作能力，而不是指望他人接管：

- 当别人替你思考并承担你的职责时，要及时察觉。
- 面对他人的期望，抛开消极情绪，明确目前优先要做的任务。
- 当他人在工作中表现得咄咄逼人时，不要退缩，独立思考并努力提出自己的想法。
- 当他人开始接管你的工作时，明确告知他们你可以自己解决。
- 当事情变得有压力时，忍耐不适感，继续与同事正常相处。在休息时间闲聊一番或尽可能出席会议和团队活动。

如何成熟地平衡家庭与事业

职场中，功能过度者和功能不足者的失衡模式和许多夫妻的相处模式类似。在家庭中，伴侣一方承担了大部分经营亲密关系的责任，而另一方则像局外人一样置身事外。置身事外的这一方没有安全感时，会刻意疏远伴侣，并在公共场合表现得更为强势。这种循环模式由关系双方共同造成。通常，家庭中的“局外人”可能是职场上的“局内人”，他们过于追求事业成功，以至于影响家庭和谐。相反，家庭中的“局内人”通常在创造性追求、社区参与或事业发展方面缺乏足够的能量和方向。

这种功能失衡的模式会使两个成年人很难在家庭和职场中

获得幸福感。伴侣双方都会对此感到失望，并责怪对方在工作或家庭中投入了太多精力。他们都没有意识到自身的问题，要么是在工作或家庭中投入了太多精力，要么是过度迁就对方，以弥补他们自身的不足。请记住，当一个人在不同领域承担应尽的责任时，他会变得更加成熟。这并不意味着，为了能在某一个领域获得显著成就，我们就可以在其他领域牺牲他人，让他们承担本该由我们自己承担的重要责任。

一个在家庭中努力承担责任的人，可能在平衡工作方面表现得更加成熟。他们不太会过度工作和帮助他人。他们也不会妨碍他人挖掘自身潜力、努力让工作变得更加高效且富有创造性。对于每一种社会角色，不论是伴侣、父母还是公司职员，他们都给予同样的重视；同时，他们在工作和家庭中的付出都会受到同等重视。

职场中的三角关系：成长必经的“弯路”

职场和家庭一样，焦虑常在。当不同的人聚集在一起，长时间相互碰撞，难免会出现紧张和压力。管理职场压力最简单的方法之一是找一个可以一起吐槽其他人的同事。你能意识到这是形成三角关系的开端吗？在处理与同事之间的分歧时，我们倾向于找到其他同事和我们一起吐槽，这样很容易缓解压力。然而，这种缓解压力的方法不需要我们调动内在成熟的力量。在一个单位里能够找到好几个小群体难道不是一件再正常不过的事情了吗？

西蒙在职场遇到的挑战

西蒙是一个雄心勃勃的人，三十五岁左右，在过去的十年里，他一直在科技公司努力打拼。当我遇见他时，他正面临着一场信心危机，他想找到一种方法来恢复工作效率。以下是他在分析工作处理能力下降的原因时整理出来的故事。

西蒙在一家中型 IT 公司工作，不久前他被提拔为销售部门领导。他对于有机会学习一些管理技巧感到非常兴奋。部门同事对他的支持更是让他信心倍增。

在西蒙得到晋升的同时，公司产品需求下降，随后总部削减了来年的团队预算。每个人都变得更焦虑了，因为他们需要在资源缩减的压力下更加努力地工作。团队里很多人开始互相抱怨公司文化的变化，对公司以牺牲员工利益为代价追逐利润的做法表达不满。西蒙需要向团队传达高层的强硬决议，这项任务充满挑战。他感觉自己被大家隔绝在外，他们通过群发邮件而不是面对面交谈来回应他。缩减开支的消息并不受待见，于是他努力减少面对面接触，以避免陷入冲突。随着团队成员对西蒙的负面反应逐渐增加，他开始疏远同事，远离办公室。过去他一直都很热情友好、善于交际，而如今他从人力资源经理那里得知，同事们抱怨他过度紧张且难以相处。

西蒙想辞职换工作，但他觉得，如果能再坚持坚持，想办法挣脱这种消极循环的话，他可以从中获得一些经验教训。当他开始审视自己在当下处境中的问题时，他意识到：

> 我可以非常轻松地指出那些破坏我的领导力的麻烦制造者。我对他们非常敏感，并想方设法避开他们。然而，如果我总是把精力放在责怪这些人上，只会增加我在办公室时的紧张感。我越是回避那些麻烦制造者，我就越是喜欢和那些对我不构成威胁的人相处。如果我不想办法改变自己的反应模式，我会在这个旋涡中越陷越深。

西蒙开始意识到自己对部门同事分化和互相推卸责任的问题起到了推波助澜的作用。他说，他在应对工作中的紧张问题时采取的“不蹚浑水”的方法与他在原生家庭中处理紧张问题的方法非常相似。这个发现使他认识到，他的自我疏远是他在原生家庭习得的程序化反应模式的一部分。如果他能改变这种行为模式，也许能停止在团队的紧张问题上火上浇油。西蒙开始努力减少他和不构成威胁的人的相处时间，并且减少对那些不太容易搞定的团队成员的回避。这是挣脱三角关系的关键步骤，有助于促进他解决领导问题。

脱离职场三角关系的策略

以下是西蒙通过自我觉察从而得到的脱离三角关系的一些方法。

与关键成员进行一对一的交流

西蒙开始致力于扭转团队士气下降的趋势。他不再通过群发邮件沟通重要的政策变化，而是单独与团队成员会面。他努力在每次交谈中明晰自己的原则，从而帮助他以一种开放的姿态陈述事实，并让每个成员有机会各抒己见。他很清楚自己无法改变公司政策，但他可以通过积极听取团队建议，来一起思考如何更好地处理这些政策变化。

谨慎议论他人

面对工作中“针锋相对的人”，西蒙不再试图从人力资源经理那里获得支持，也不再寻求第三方的认可，而是在遇到进退两难的工作关系问题时想尽办法直面当事人。虽然他内心很想回避那些抱怨自己的领导力的人，但是他下定决心不再重复原生家庭的疏远模式。疏远只会让紧张的关系变得更加糟糕。

让关系更近一步，保持真诚的联系

西蒙找到了勇气去直面那些不支持自己的人。他会定期和这些人闲聊一些不会让他们感到焦虑的话题，比如他们周末做了些什么。这些闲聊增进了西蒙对他们的了解，他开始与他们聊起爱好和家人。在关系紧张的时候，努力保持友好联系是西蒙印象里最能促进成长的经验之一。他与团队成员接触得越多，他的焦虑水平就下降得越多。虽然财务负担和工作压力仍然繁重，但西蒙发现他对新职位没那么紧张了，回家之后可以脱离工作状态，睡眠质量也有所提升。

* * *

职场为西蒙提供了一个颇有价值的实验室，让他可以测试为提升成熟度而付出努力。通过采取以上三种方法脱离三角关系，在保持自我个性的同时与他人保持联系，西蒙意识到，面对艰难的职场挑战，除了逃避之外，还有更好的应对方法。

维系人际关系的同时坚持独立见解

我们很容易把与同事保持联系误认为是一种制造亲密关系的行为，但实际上，这不过是一种假象。在某些工作场所，人们耗费大量精力创造一种幸福大家庭的氛围，以至于个人几乎没有精力去履行工作职责。那些与扩展家庭相疏离的人特别容易将职场视为替代性家庭。

判断职场人际交往关系是否健康，关键要看双方能否开诚布公地表达不同意见。在过度融合的关系中，人们难以容忍分歧。相反，在成熟的关系中，人们既可以说说笑笑，也可以包容不同意见。为了成为成熟的领导者，西蒙开始扭转他的疏远态度，同时努力在工作中表达个人见解，即使他知道这不受欢迎。通过这种方式，他既注重维系人际关系，也坚持基于深思熟虑的职场原则来表达个人见解。他还克制自己，不要太固执己见，如果其他人提出他以前没有考虑过的新视角和实用信息，他很乐于改变自己的观点。

人人都能发展成熟的领导力

以下总结了鲍文家庭系统理论中描述的成熟的领导者所具备的特征。[3] 这些正是西蒙努力想要实现的品质，以改变螺旋式自上而下的低效领导方式。即使你不是正式的领导者，你也可以在工作中践行这些原则。团队中每一个践行这些特质的人都能为提升组织整体成熟度带来积极影响。试想一下，如果你能在职场践行以下几条原则，将会带来多么有价值的贡献。

- 有勇气根据清晰的自我原则保持知行合一。
- 既利己，也利他。
- 不情绪化掌控他人。
- 努力提升自我，争取为公司进步贡献力量。
- 明确自己的工作职责，不对他人的工作指手画脚。
- 保持开放态度，在充分听取和考虑他人意见后改进工作方向。
- 清楚如何在合适的时间退让从而让他人发挥实力。
- 不轻易被他人的冲动想法带偏。

放弃追求捷径

和所有关系系统一样，职场不存在解决焦虑问题的捷径。承认这一点并不容易，因为市场上充满了各类声称能显著提升职场绩效和领导才能的方法，令人们趋之若鹜。职场转型涉及的新问题层出不穷，这一事实证明，速成的方法论经不起时间的考验。成长的挑战在于学会忍受缓慢变化，而不是像孩子一样渴望快速见效。这意味着，当你面临压力，渴望重蹈覆辙、制造融合关系的假象时，你必须学会忍受孤独，坚守价值观导向的道路。

在职场中克服焦虑，努力变得成熟的过程好比逆风航行。任何水手都会告诉你，当风力强劲导致船只失去控制时，你需要全神贯注，忍受一定的紧张感。优秀的船长知道如何克服紧张和焦虑，保持航线稳定。在这种情况下，他不会为了更快地抵达终点而过度施力，因为他知道物极必反。他也知道这种时候不能惊慌失措、退回熟悉的安全港湾。他会专注于设置航线，让船员们知道他的紧张之情，从而使他们可以各司其职。要想培养这种能力，没有任何捷径可走，唯一的途径是在各种经历中保持耐心、深思熟虑、持之以恒。

思考问题

- 当你在工作中的压力和紧张水平升高时，你的反应模式是什么？你是倾向于做更多工作还是更少？这对你和其他人的工作有什么影响？
- 你是否找到了家庭和工作之间的平衡点？在生活中的哪些方面你会过度工作，哪些方面你会工作不足？
- 在工作中你会跟谁倾诉以减轻你对他人的焦虑？你应该怎样做才能减少这种三角关系，并和相处困难的人保持更多沟通？
- 你有多少工作精力被用来创建“替代性家庭”？
- 你能心平气和地处理和共事者之间的分歧吗？在与他人保持联系和坚持自己的工作原则之间，你的平衡点是什么？

第10章

树立成熟的信念

顺从、反叛或审视

假自我是基于……主流关系系统中的信念和原则，盲从他人的信念或为了提升自己在关系中的地位而树立的信念。[1]

——默里·鲍文，医学博士

我们不再是婴儿了，不应该随波逐流、任人摆布和指手画脚……[2]

——使徒保罗（The apostle Paul）

你是如何建立内在思维指导系统的？当你面对压力和困境时，你会依靠什么来让自己保持清醒、做出决策？你是否曾为了融入某个集体而盲从他人的信念？通过独立思考，你对哪些观点深信不疑？

本书的每一章都强调了慎重选择价值观和道德标准（它们指导你的行为，让你知行合一）的重要性。提到信念，人们倾向于随大溜，盲从父母、文化群体或同龄人的观点。如果你对父母心怀怨恨，你可能会倾向于和他们唱反调。不论你的观点是为了迎合他人还是反对他人，你都没有进行独立的思考和审视。这样的观点是肤浅的，它们会随着你所在群体的情感变化而变化。这种假信念对你毫无益处，无法帮你在面对压力时做出重大抉择。如果你总是轻易地因为别人的反对而改变立场，你将在重要问题上失去自我立场。

你最近一次对某个政治或社会问题有了一个自己的观点，并对此深信不疑是什么时候？我很好奇，你近期是否测试过自己的成熟度，你知道那些自己深信不疑的观点是如何形成的吗？在这种好奇心的驱使下，我决定将书中的观点付诸实践。在最近广受媒体热议的一个新政策提案中，我决定独立思考以明确自我立场。我先入为主地认为这个提案听上去不错，它看上去有理有据，而且我支持的政党也拥护该提案。我看到很多和我的立场一致的观点。我发现自己不自觉地跳过了那些从不同角度讨论这个提案的新闻标题。为了避免陷入惯性思维，我决定花时间研究一番该政策的完整内容，以及主流媒体没有探讨的观点。认真读完政策细则后，我的观点彻底改变了。这完全出乎我的预料。那一刻我意识到了自己的不成熟，我发现自己很容易基于先入为主的主观偏见下结论，而不是基于客观事实进行独立思考。

只要遵循家族传统就可以了吗

每个家族都有世代传承的文化传统。这些传统包罗万象，蕴藏着家族世世代代以来齐心协力维系家族命脉的独特故事。如此宝贵的家族遗风，谁愿意轻易违背呢？但有一个问题值得我们去思考：如果我们不假思索地遵循这些传统，真的能促使我们的心智走向成熟吗？

38 岁的时候，亨利打算和交往多年的女友卡拉结婚。婚礼形式对他而言是个棘手的问题。是在天主教教堂举行婚礼呢，还是办一场非宗教的婚礼呢？他感到难以抉择。亨利一直都知道父母信仰天主教，却从未思考过自己的信仰是什么。我问他确定自己的信仰时经历了什么样的心路历程，他说："天啊，从学生时代起，我从未思考过天主教的教义。从小耳濡目染被灌输了太多太多，以至于成年后我根本不想在这件事上费神。"

亨利想起了一位好友，他非常热衷于参加教会活动，而且总能言之凿凿地解释自己的信仰。亨利很羡慕朋友有如此笃定的信仰，于是他决定研究他们家族的宗教传统，从而明确自己的信仰。在开始策划与卡拉的婚礼前，他决定先了解清楚父母当初为何选择了天主教，他认为这个时机正好。他想自主选择信仰而不是盲从他人，因为这样才是更加成熟的做法。

亨利的母亲是坚定的天主教信徒，她不遗余力地让孩子们接受洗礼、皈依天主教，并送他们进天主教学校。在和父母交流的过程中，亨利才知道原来父亲直到 60 岁才开始信仰天主教。为什么父亲会选择在这个年纪皈依天主教呢？在询问父亲的过程中，亨利发现，父亲直到他的岳母（亨利的外婆）去世后才决定皈依天主教。她曾强烈反对女儿嫁给一个非天主教徒。亨利的父亲不想为了取悦岳母而选择自己的信仰。亨利意识到了信仰和人际关系之间千丝万缕的联系，这对他的成熟大有裨益。亨利发现，父亲选择宗教信仰的时机和动机在某种程度上与他尚未解决的人际关系矛盾息息相关。

亨利花了很长时间审视自己对结婚地点的选择，他想知道自己会顺从家人的意愿，还是会独立思考后再做决定。他渴望得到母亲的认可，意识到这一点可以帮他避免感情用事，在做决定前不忘理性思考。

快速确立的信仰存在两个问题

为了融入某个群体而盲从他们的观点往往会让我们陷入两种成熟陷阱：**教条主义和回避**。未经思索而采纳的精神和哲学信念可能会使我们产生夸大的武断性，容易因为对关系的渴望而受到煽动，最终表现为一种**教条主义**，使受此影响的人拒绝与持不同观点的人保持交流。他们将那些信仰不同的人视为群体凝聚力的威胁，甚至会对局外人做出恐吓和夸张反应。

而上文提及的**回避**这种成熟陷阱则是无法针对重要的道德伦理问题表达深思熟虑和逻辑清晰的观点。当我们懒于或停止反思观点背后的事实依据时，我们倾向于采纳我们当时喜欢阅读的书中的观点，或我们喜欢倾听的人所持有的观点。这些人可能是电台对讲节目里的某位令人信服的主持人或是我们崇拜的某位能言善辩的友人。当我们采取了这种“随波逐流”的态度之后，我们的观点便会变得经不起推敲。为了掩盖这种脆弱性，我们会回避与人交谈关于宗教、哲学、社会问题和政治的话题。这种逃避的常见说辞是这些问题太个人化，不应在社交场合提起以免扫了大家的兴致。另一种人们为了避免暴露论据不充分而常用的说辞是多元化观点，认为所有的信仰体系都大体一致，当我们不再处心积虑地对它们进行批判性对比时，世界会更美好。

这两种成熟问题的例子随处可见。可能就在今天的晚报上，一个宗教群体的代表谴责有人反对他们宗教的某种信条。也许你在家中感受尤为明显，在晚餐的谈话中提及一个政治话题时，你会发现家人迅速转移话题。神学家和哲学家道格拉斯·威尔逊（Douglas Wilson）将这些成熟问题很好地概括为：“盲目相信传统的人和盲目舍弃传统的人至少有一个共同点，就是无知。一方坚守他们不甚了解的东西，而另一方将他们不甚了解的东西贸然弃之。”[3]

成熟挑战主要在于避免盲目接受或拒绝任何形式的信仰和价值观。这对我们要求很高，关键是这需要我们花时间反思自己的信仰和赖以生存的准则。在这个充满压力的世界上，腾出思考的时间可不容易。根据主观想法以及那些能带给我们舒适感和他人认可的想法来下结论显然会更轻松。

理智与情感还有立足之地吗

在精神层面的问题上，我们很难保持客观的立场。它常常会牵涉到个人及周围其他人的主观经验。情感经历能否为成熟的信仰提供充分的依据呢？要是我们去探究宗教和哲学作品中那些自相矛盾的观点会怎么样？如果要深究某种信仰体系背后的历史基础呢？成长的挑战在于我们不仅需要考虑某种信仰系统的内容，更重要的是在逐渐建立一种信仰体系的过程中进行充分的思考。我们是仅凭自己对他人的反应，还是根据自己思考后的结果而接受或拒绝某种宗教？我们是否认真思考过我们的道德观念、政治立场，以及世界观或人生观？这个问题非常关键。

我自己的精神信仰就源于一种主观体验，我曾相信在我的成长过程中上帝一直存在。这段个人经历对我的信仰具有重要影响，但这种情感经历并不足以让我成年后对自己的信仰坚信不疑。对从小信奉的基督教产生怀疑让我获得了最重要的成长机会。三十多岁的时候，我很想了解别人的信仰基础，因为他们看上去是那么笃定。于是我开始研究不同的宗教教义。用辩证的眼光重新审视儿时的信仰，并与其他信仰进行对比，这是一个能让自己不断成熟的过程。在了解和对比其他宗教教义的过程中，我的信仰体系渐渐超出了个人经历的范围。我能够欣赏其他宗教中的一些美好的方面，同时我还对儿时信仰的历史基础和深度有了更进一步的认识。随着我越来越明确自己的信仰，我渐渐能够与那些信仰不同宗教的人建立更健康的关系。

实际上，与强烈反对我的观点的人交谈时，我很难保持心平气和，但是这个过程确实是一个很好的锻炼机会，让我学会如何求同存异。新式无神论思想在西方世界引出了许多引人思考的对立观点。我们需要用成熟的态度去面对它。如果我不敢通过这些无神论观点去审视自己对于上帝的信念，这说明我的立场是经不住考验的。当我们成熟地看待宗教问题时，我们可以根据逻辑和证据审视我们的信仰，而不是随波逐流、人云亦云。

人们常常认为成熟的立场意味着忽略差异，对所有信仰一视同仁。然而，这种立场经得起推敲吗？还是说这只是被焦虑驱使的人们对伪和谐的渴望呢？人们渴望模糊差异性，在很大程度上源于对不同观点的抵触，这不是他们对不同观点追根究底之后得出的结论，而是因为他们渴望团结友爱。神学家和历史学家约翰·迪克森（John Dickson）指出："当我们追求世界上所有宗教的同一性时，（我们）……冒着对所有宗教大不敬的风险。虽然这种观点非常不受欢迎，但我们应该让各种宗教发出自己的声音，表达不同的观点。"[4]

心理学和信仰的分歧点

读到这里，你现在一定很困惑为什么一本基于心理学理论的书会在这里讨论信仰问题。在我看来，许多关于人类行为和心理健康的理论知识很容易忽略心智成熟的一个重要标志：承认自我过错的能力。一些心理学理论容易阻碍个人的成长，因为人们可以以此为借口逃避破坏性和不负责任的行为。

20 世纪 70 年代中期，美国著名精神病学家卡尔·门宁格（Karl Menninger）提出了这样一个问题：罪恶或罪行的概念从何而来？在他所著的《罪从何而来》中，门宁格探讨了这个问题：缺少关于是非对错的公共话语，是否有可能会加剧社会各阶层不负责任的个人行为？[5] 我认为从个人成长的角度来看，这是个值得思考的问题。不成熟的小孩容易隐藏或否认自己的过错，并将责任推卸给他人。有多少人成年后依然如此？又有多少次我们会找借口来掩盖一己之私？

个人责任和社会责任

如果我们将所有伤害他人的行为归咎于不成熟或代际家庭模式影响，可能会导致犯错的人逃避责任，而且不会真心地寻求原谅和补偿。或许，承认错误并道歉的能力是衡量心智是否成熟的关键特征之一。对此，澳大利亚公民深有体会。2008 年澳大利亚总理陆克文代表政府为澳大利亚土著居民在过去多年所遭受的不公做出了全国性公开道歉。陆克文承认，空有道歉而无补救措施毫无意义，但是他迈出了第一步，代表许多人对当代及过去侵占和剥夺我们土地的原始所有者权利的罪行深表悔恨。作为一名澳大利亚公民，我知道要想真正弥补这些罪行还有很长的路要走。但是，将前人的无知作为借口或将责任归咎于被压迫者是彻头彻尾的幼稚行为。

诚实地面对过错的成长经历使我们能够原谅那些因为曾经伤害过我们而道歉的人。金无足赤，人无完人，我们应该保持这种宽容之心，从而更好地从他人对我们造成的痛苦之中释怀。除了过错之举，我们还应看到焦虑关系体系的影响，这种关系体系助长了一些个人和集体的不负责任行为。更宽广的心胸能让我们在承认错误的同时原谅他人。这些抱歉的话写出来或说出来也许很容易，但要做到真正的忏悔、道歉和宽恕却是一件很困难的事。这或许是我们成长过程中最艰难的挑战。

不健康的内疚与成熟的反省

在咨询过程中，我发现很多人有种不健康的自责倾向，他们为一切引起他人不悦的事情而道歉。这种“道歉”并非我在文中提倡的“道歉”。成熟的反省需要我们审视自己的所作所为，而不是沉溺于悔恨的失落感之中。我发现保持两个层面的觉悟很有帮助：一方面要看清自我的行为模式来源于对原生家庭的焦虑反应（这种行为模式问题只能随着时间解决）；另一方面要承认自己冒犯或伤害他人的过错行为，并及时道歉。这种过错行为包括撒谎、恶意诽谤、冷嘲热讽或自私自利。面对这种情况，我们需要的是一套是非对错准则，而不是某种将我们的行为合理化的心理学理论。一方面我们要意识到人们会受人际关系影响而犯下错误；另一方面我们要进一步意识到每个人都应该对自己的选择负责。更高的心智成熟度或分化水平有助于我们保持这两种觉悟。

每个人都有不够成熟的地方，认清这一点可以帮助我们理解自身的行为缺陷，我们容易缺乏理智而意气用事。没有人是完全成熟的，但当一个人做好改变自我的准备、不再随波逐流时，他便会发现自己走上了成长之路。值得高兴的是，如果你能认清并承认自己的错误和罪责，并及时悔改，那么你的家人朋友也能因此而受益。

内在思想指导系统

为了摆脱内在不成熟的小孩，我们需要强大的原则让自己在挫折面前保持理智。为了避免像孩子一样刁蛮任性，我们需要坚守自己的道德准则。为了应对生活中不可避免的磨难，不轻言放弃，我们需要培养目的感和意义感，这将让我们受益匪浅。棘手的问题是我们要摆脱那些令人陷入无意识服从或反叛的敏感性，树立独立的见解。在你将自己的信仰从家庭中剥离出来（或取代家庭信仰）之前，你的成熟之路不会有很大进展。而且，除非你建立了内在思想指导系统，有了自己的原则，否则你很难真正改善关系问题。这些对时间和精力的要求似乎过于沉重和不切实际。可是，我们为树立成熟的信念所做的一切努力都会有积极的回报，比如在困难面前的稳重，以及在人际关系中的方向感和舒适感。

思考问题

- 你对家庭的信仰和传统了解多少？家庭成员是如何决定他们的信仰的？他们是为了家庭的和谐而确定信仰，还是通过独立思考而确定信仰和道德准则？
- 在没有经过个人调查的情况下，你采纳或否定了多少家人的信仰和道德准则？你应该如何审慎地考虑自己的思想指导系统？
- 你的精神信仰是来源于主观经历还是基于客观事实和逻辑思考的结果？
- 你是否不能够坦然面对自己的自私和错误？你想要什么样的事实依据来判断自己是否伤害了他人、是否需要有所补偿？
- 在重要问题上，你应该如何花时间追根溯源并结合当下处境来得出结论，而不是借用最能让你感到舒适的观点？
- 你将如何探索让你的生命变得完整而有意义的东西？

第四部分

在挫折中成长

Growing Yourself Up

Growing
Yourself
Up

第11章

情感危机

不再指责他人

> 习惯逃避问题的人……在婚姻中会产生强烈的情感联结，在心理层面上一时将婚姻视为理想归宿和永恒联结，但在生理层面上却与人保持距离。当婚姻关系变得越来越紧张时，他们同样会采取这样的方式来逃避问题。[1]
>
> ——默里·鲍文，医学博士

> 在常见的关系中断（例如离婚）之后，一旦人们重新建立关系，他们就要努力保持独立的边界、开放的态度以及平等的立场，这与他们在其他关系中需要付出的努力同样重要。[2]
>
> ——罗伯塔·吉尔伯特，医学博士

有趣的是，在过去的几十年里，离婚率急剧上升，与此同时，年轻人越来越频繁地与父母保持距离，而大众媒体的宣传加剧了人们对婚姻的浪漫期望。将婚姻伴侣视为弥补父母养育缺失的治愈者，会给伴侣带来压力，导致婚姻变得无法持续。当婚姻面临着不可避免的房贷和育儿压力时，我们对伴侣的期望会增加，失望也会因此产生。

在很多婚姻关系中，相互指责的循环模式会暴露双方最不成熟的一面。人们很容易认为是伴侣变心了，却看不到夫妻双方的焦虑反应如何导致破坏性互动模式的发生。在婚姻中经历了多年的消极相处模式后，很多人说他们很难破镜重圆。分手后的挑战在于从过去的错误中吸取教训，而不是带着愤怒去一味指责对方。

跳出指责他人的循环

塞西莉亚与埃文分开时经历了一场剧烈的争吵。在又一次激烈争吵中，他们摔门的声音和歇斯底里的吼叫声惊动了邻居。塞西莉亚对这段感情感到心灰意懒了，尤其是当她看到他们的争吵对两个年幼的孩子的负面影响时，她认为这是压垮他们感情的最后一根稻草。她的父母和兄弟姐妹很支持她离开埃文，在姐姐的提议下，她给埃文写了一封信，叫他不要再回这个家。

埃文去父母家小住了一段时间，并明确表示他不想离开家庭和孩子。在家人的支持下，塞西莉亚换掉了家里的门锁，并给埃文写邮件说她正在咨询律师如何保护自己和孩子。埃文表示抗议，并在塞西莉亚外出时闯进了家里。这无疑是一场闹得有失体面的分手。

当我和塞西莉亚见面时，她对埃文的抵抗情绪非常强烈，并与她的支持者一起将埃文拒之门外，以确保她和孩子的安全。客观而言，安全问题确实需要考虑，但另一方面，塞西莉亚越是切断与埃文的沟通，埃文就越是感到被排斥和绝望。当任何一个人处于这样一种三角关系之中的消极位置，即其他人联合起来排斥他的时候，这肯定会引发最糟糕的反应模式。我让塞西莉亚描述她和埃文分手的方式，以及直接沟通意图的次数。她意识到他们所有的沟通都是通过其他人或信件和电子邮件完成的。经过反思，她发现，随着她对埃文越来越不信任，她与埃文的联系也逐渐减少，还开始听从他人的怂恿将他拒之门外。

在反思了她与埃文的分手方式及影响后，塞西莉亚开始计划与他见面，沟通离婚的决定，确保他们的处理方式不会影响她和孩子的生活。我还记得她幡然醒悟的那一刻，她发现自己的行为以及与家人的结盟，实际上加剧了她和埃文的沮丧和压抑。她说："我可以看到，我越是和他人倾诉我们的争吵，我就越觉得埃文是个不值得信任的浑蛋。我知道有时候他看起来不太理性，但我和他争论的方式也非常不理性。"

塞西莉亚和埃文曾经尝试过婚姻咨询，试图改善他们的冲突模式，但塞西莉亚失去了希望，她不相信他们能学会好好相处。她想离婚，但她不想因此失去完整的自我。于是她思考如何与埃文理性沟通，讨论离婚以及与孩子保持联系的问题。这意味着她要克制自己不在亲朋好友面前抱怨。塞西莉亚告诉我，她和埃文沟通离婚的过程并不顺利。在痛苦之中，埃文控诉她毁掉了孩子们的生活，还让她的家人参与进来。按照以往的习惯，塞西莉亚肯定会攻击埃文的人格以示对抗，但她决心不再重蹈覆辙。她没有恶语相向，也没有寻求第三方的支持，经过坚持不懈的努力，她发现他们可以理性沟通了，可以讨论如何分担抚养孩子的义务，并用成熟的方式达成离婚协议。

对塞西莉亚而言，仇视埃文是更容易的选项，但这样他们的消极冲突可能会持续多年。她选择与埃文保持距离，用更理性的方式与他沟通，而不是将他视为敌人。她发现他们在婚姻中都很不成熟，为了增强安全感，他们陷入了一种针锋相对的冲突模式。塞西莉亚没有一味指责埃文，而是在婚姻结束之际审视自我。她很积极地觉察自身的问题，从而避免在未来的人际关系中重蹈覆辙。

实现情感断离的挑战

有些人虽然实现了法律意义上的关系断离，却在多年以后依然无法实现情感断离。即使离婚多年，他们依旧耿耿于怀、愤愤不平，以至于没有足够的精力重建新生活。虽然他们与曾经的伴侣实现了物理意义上的分离，却始终无法放下婚姻关系决裂时的脆弱情感。只要看见对方，他们就会想起当初办理离婚手续时的沮丧感。

过去五年来，雷蒙德和前妻琳达几乎没有往来。他只有在需要与孩子见面以及支付医疗和教育费用时才和琳达进行必要的联系。我第一次见到雷蒙德时，他正在经受抑郁的折磨，因为工作不顺心，与孩子的关系也不太好。他和年迈的母亲住在一起，但几乎没有交流。他耗费了大量精力隐藏自己的真实想法，他认为琳达提出的经济资助需求很不合理，但他对此保持缄默。他向女儿吐露心声，表达了被前妻操控和支配的感受，当他感到女儿站在他这边时，他获得了一丝安慰。但他知道这种状态不正常。他对婚姻破裂的愤怒丝毫没有减少，离婚那天回到空荡荡的家里的感受至今记忆犹新，仿佛这些负面情绪统统被他放进了情绪冷柜里以保持新鲜，五年来他的消极情绪几乎没有得到一丝缓解。在长期对生活不满的痛苦中，雷蒙德可以看到，他没有从这段失败的婚姻中成长起来。痛定思痛之后，他决定探索一种不同的方式来应对离婚。

雷蒙德首先从与琳达进行更多的联系开始，并更加灵活地要求她调整探访孩子的时间安排。他小心翼翼地表达了自己坚持与孩子共度高质量亲子时光的愿望，但当他拒绝琳达的安排时，他逐渐发现了两种不同心态之间的微妙差别，一种是为了保持对琳达的愤怒而拒绝，另一种是因为这种安排不合理而拒绝。琳达对雷蒙德的所作所为持怀疑态度。雷蒙德说，她认为他一定是为了推卸财务责任，但他坚持不做出任何反应，而是更加积极地合作。他努力在孩子面前积极谈论琳达的最佳品质。

当雷蒙德因为 16 岁的儿子急切渴望独立而感到束手无策时，他尝试和琳达协同努力，而不是独自承担抚养孩子的压力。他发现琳达在处理孩子的问题时有一些卓有成效的办法，尽管他们无法在所有事情上达成一致，但他们在管教青春期的孩子方面可以成为彼此的资源而不是负担。雷蒙德花费了几个月的时间尝试减少消极反应，过程起起伏伏，但随着他以更开放的态度与琳达保持联系，他的抑郁情绪确实得到了缓解。随着情绪得到改善，他开始腾出精力尝试换一份工作。为了与前妻更好地实现情感断离，他采取的另一个方法是与前岳父母恢复联系。当琳达的母亲因癌症住院时，他以此为契机，给前岳母寄了慰问卡片，并带着孩子去看望她。

保持更多联系有助于从痛苦中解脱

在走向成熟的过程中，一个有趣的悖论是，与曾经对我们很重要的人保持更多的联系，有助于在这些关系中建立更好的边界感。随着联系增加，我们就有可能减少因过度焦虑敏感而不知所措的体验。雷蒙德发现，当他开始与前妻保持更频繁的联系时，他就不再投入更多消极能量助长对离婚的愤恨情绪了。他开始重新将她作为平常的人看待，在这种新的父母合作关系下，他们的孩子的状态似乎也变得更加稳定了。离婚时，雷蒙德发现愤怒地回避前妻可以帮他缓解焦虑和不安全感，但五年以来的刻意疏离耗尽了他的内在资源。当雷蒙德和很多像他一样离婚的人一起努力了解自我时，他发现自己竟然可以和前妻及其家人继续保持适宜的联系，这让他感到释怀。有这样父母的孩子很幸运，因为父母为他们树立了灵活主动的、致力于自我成长的榜样。

思考问题

- 你能在多大程度上意识到婚姻的问题是由夫妻双方的反应共同促成的？
- 你是否会通过以下方式助长离婚后的负面情绪：寻找第三方形成三角关系、寻求第三方的支持与前配偶作对，或避免互相尊重的直接沟通？
- 为了控制离婚的痛苦，你是否会选择彻底断绝关系或封闭自己？你可以通过哪些方法努力与前配偶保持心平气和的联系，以获得个人成长的能量？

Growing
Yourself
Up

第12章

症状和阻碍

不公平的成熟环境

人类的情绪和智力系统存在不同程度的融合。情绪和智力的融合程度越深，个人便越容易与身边的人产生融合。融合程度越深，人越容易患上身体或情绪上的疾病，越不容易有意识地控制自己的人生。[1]

——默里·鲍文，医学博士

人们常常对自身产生不公平的、惩罚的，甚至是暴力的想法……如果他们能用评价他人的原则评价自己，问题便能迎刃而解。他们会逐渐以更有原则的方式成就自我。[2]

——罗伯塔·吉尔伯特，医学博士

你是否注意到，并不是每个经历过重大挫折的人都会在生活中持续受到负面影响？有些人，在经历一段艰难时期后，似乎能够恢复如初并重建幸福且有成就的生活。而另一些人在经历了挫败之后，似乎落入了焦虑和抑郁的魔爪之中，难以振作起来。有些人在生活中几乎没有什么东西能击倒他们，当机会来临时他们总能立刻抓住；而另一些人似乎总是难以建立稳定的关系，并且没有足够的信心去尝试新事物。

人们普遍认为，某种气质和基因遗传体质可以解释这种差距。生物学在一定程度上可以解释人们在复原力（resilience）方面的差异，那么按照这种逻辑来看，就成熟而言，并不是每个人拿到手的牌都是一样的。

成熟或持续的自我分化

根据鲍文的家庭系统理论，个体成熟度和复原力可按照一种由高到低的方式来进行量化。每个人多多少少都会从原生家庭继承一部分成熟度或自我分化度。影响我们成年时的初始成熟度的两个关键变量是：原生家庭中的关系成熟度，以及我们从原生家庭接受的焦虑关注度。

焦虑的焦点

父母会将他们自身的成熟度带入家庭关系之中，同时不可避免的是，他们会将自身的不成熟不均匀地分配到孩子身上。如果你是家人最担心或最关注的那个孩子，你会比兄弟姐妹吸收更多父母的焦虑反应。

这是理解兄弟姐妹之间表现不同的一个重要因素——鲍文中心的迈克尔·科尔博士对此进行了深入探讨。[3]

这真的很不公平，对吗？我们没有通过自身的优缺点来发展自己坚强、成熟的水平。有的人就是比其他人先天条件好，继承了更高的成熟度。但这不是任何人的错，每个人吸收的复原力存在差异，有助于我们对自己和父母保持包容之心，逐渐学会接受自己的不成熟，并努力耐心地提升自我的成熟水平。

大多数心理健康理论倾向于将人分为患病人士和无症状的健康人士：你要么患有某种疾病，要么没有。鲍文理论并不从疾病范畴看待情绪健康问题。他认为，所有人都处于自我分化水平由高到低变化的连续统一体之中，自我分化水平较高的人可以在社会活动中发挥良好的功能，而自我分化水平较低的人则会功能失调。这说明我们所有人都有同样的问题，只是程度不同而已。每个人都可以调动更高的自我分化水平，这意味着，我们可以提升让情感和理智保持同步的能力，同时还可以提升在关系中保持独立自我的能力。

直面焦虑和抑郁的挑战

迈克尔和他的妻子雪莉一起前来咨询，以解决他一个月前陷入的严重抑郁问题。早些年他就一直经受着焦虑和无助感的痛苦折磨。他经历的最黑暗的时期是在大学，当时他一直挣扎在轻生的边缘，但雪莉的出现改变了他的人生。

就在迈克尔陷入抑郁之前，他一直都是这段婚姻中更坚强的那个人。他描述了他是如何在妻子确诊癌症之后陪她渡过情绪波动的难关的。在治疗阶段，她时常会崩溃，有时候当她想到化疗的副作用以及作为癌症病患的不适时，她会难以出门。当雪莉在痛苦中挣扎时，迈克尔发现自己可以为她而坚强。他很清楚自己有多害怕失去她，也很心疼遭受病痛的她，大多数时候，他会给她提供可以依靠的肩膀，带给她安全感。随着雪莉病情的缓解，她快速复原并投入到了繁忙的人力资源工作中。然而，迈克尔却变得很难继续前行。当妻子不再需要他的坚强时，他的情绪就会急转直下。

随着环境的变化，在婚姻关系中，自我的脆弱性可以从一方转移到另一方。现在雪莉重新振作起来了，迈克尔却每天挣扎着起不了床。他的睡眠质量每况愈下，因为他总是担心无法在工作中满足自己和他人的期望。他知道这些想法徒劳无功，却无法控制自己不去想。为了保证正常工作，他去看过医生，尝试服用了抗抑郁药物，但他的消极情绪依然没有得到缓解。

解决关系依赖问题

迈克尔努力纠正夸张的完美主义倾向。他可以看清自己害怕工作失败所反映出的错误理念，但是这些毫无建设性的想法背后其实是更深层次的成熟问题。从小，迈克尔就将自我存在感和安全感寄托在主要的积极关系之中。他可以看到，如果雪莉需要他的安慰，他的情绪会自动高涨。他的复原力似乎来自别人对他的依赖。他意识到自己会回避任何不被认可的关系，他渴望被人欣赏和需要，从而摆脱不安全感。从十几岁起，他就和父亲断绝了关系。那时候他父亲有了外遇，抛弃了婚姻和家庭。在疏远父亲的同时，他还对母亲的痛苦越来越敏感，并努力成为带给她幸福的“乖儿子”。而且，他还会努力用学业上的成就使母亲感到骄傲。

迈克尔在关系中有两种反应模式。当他感觉到对方不认可他时，他会刻意疏远他们并给他们贴上“不值得信任”的标签，就像他对待父亲那样。如果他感到别人的支持，他会努力维持别人对他的崇拜，就像他对待母亲那样。迈克尔没有意识到自己的这两种反应模式，但是我可以在他陈述过往故事的过程中有所察觉。他的存在感在很大程度上是通过对他人的反应来实现的。这使他不具备足够的独立自主能力，当一段关系不太顺利，或者当他感受到他人的反对时，他会不知所措。

更真实，而不是更完美

随着迈克尔逐渐意识到他对关系的依赖与他的幸福感之间的联系，他开始能够将注意力从试图修补自身病态症状转移到促进自我成长上来。这个成长过程需要循序渐进地实现，因为他的关系反应模式早已根深蒂固。当他关注自己有多难受、多焦虑、多难以入睡时，他会变得越发崩溃。对症状的关注使他感到无助，因此他期待“专家”能帮他想出一个解决办法。然而，当他开始专注于自我而不是那些症状时，他不再关注自己的感受，而是开始完成成年人的日常任务，比如按时睡觉、按时吃饭、每天做一些轻松的运动以及按时上班。他现在的努力着重于调动最基本的内在资源，而不是通过他人的赞美和鼓励来获得驱动力。

在解决自我管理问题之前，迈克尔一度让雪莉像对待病人一样对待他。他让她管理他的所有预约，提醒他吃药，为他做饭、打扫卫生。雪莉谈到了现在她如何重新作为迈克尔的妻子来与他相处，而不是作为监护人。这意味着她开始寻求他的帮助并和他分享自己每天的酸甜苦辣。她会努力平衡他们的婚姻关系而不是专注于纠正迈克尔。

随着迈克尔更了解自己在家庭中的位置，他开始考虑如何与父亲重建联结，视他为常人，而不是视他如恶人并将他从生活中抹去。这些努力对他而言很不容易，他在管理自我以及与他人保持联结方面进展缓慢。他为消除他在工作中因害怕辜负他人所产生的焦虑、内在能量的消耗以及睡眠不足的问题所做的努力都见效甚微。但是，他说自己确实感觉比以前更坚强了，越来越能接受之前在关系中碰到的敏感问题。

迈克尔曾跟我谈起他是如何努力迎难而上，在没有多少支持的情况下调动主观能动性的：

> “有时候想到那些糟糕的想法多么消耗内在能量，我会感到很挫败。我能看到，不论是父亲还是母亲，都会以不同的形式和自己的自信心做斗争，期待对方帮助自己振作起来。我想，难怪我也会像他们一样挣扎。我多么希望自己能从原生家庭继承更好的性格，但我觉得我必须在现有条件下尽我所能做到最好。”

对迈克尔，以及像他一样备受过度恐慌和挫败感折磨的人而言，不再关注自身的感受，而是专注于能够提升内在成熟度的事情是大有助益的办法。下面提供的三种方法可以帮助大家在出现类似症状时实现这一目标。

1. 调动主观能动性而不是期待解药

做好每天能做的事情，照顾好自己。当你处于能量低谷时，可能做到按时吃饭、按时起床就不错了。

2. 做个正常人而不是病人

不要将自己的基本责任推卸给他人。即使正在接受治疗，你也要做出选择并管理好自己的事情。

3. 与他人保持联系

在高压状态下我们很容易回避他人，尤其是那些最容易对我们的自信心造成冲击的人。当你变得越来越能和不同的人保持一定的联系时，你就会越来越坚强。

* * *

可见，只要通过微小的、切合实际的步骤做更好的自己就好。这完全不同于仅注重修复心理疾病症状的纯医学手段。重点不在于分析症状的严重与否，而在于认识到，当人们可以一点点提升他们的身体机能的时候，他们的症状就没那么严重了。

勇往直前

在焦虑和抑郁折磨下的成长面临着重重挑战。最重要的原则是不要放弃自我管理的责任，尽全力做好能做的事，不论结果如何。你越是陷入病人状态，依赖他人和药物解决问题，你的无助感就会越强。虽然药物有时候也能起到一点作用，但你不应该因此放弃最基本的自我管理责任。如果你发现家人正在照顾你，你应该及时采取行动，主动承担起照顾自己的责任。当你感到内心资源匮乏时，迈出这一步很不容易，但是这样可以帮你维持一个足够成熟的内在成人，让你能够心胸宽广、勇往直前。

对关系的敏感度会影响我们的成熟度

迈克尔面临的挑战之一是接受现实：如果仅仅是依靠从原生家庭关系模式所继承的成熟度，他将无法快速成长。成熟水平是一个由极低至较高发展的连续过程，每个人的成长过程始于不同的成熟起点。正如本书前几章所描述的那样，我们从小就对别人如何看待我们很敏感。我们的关系敏感度越高，我们在生活中就会越焦虑。当我们试图想象别人是否会反对或拒绝自己时，我们在人际关系中消耗的内心资源就越多。如果我们总是努力观察来自他人的反对威胁，就更难与他人保持足够的边界感，让我们能致力于提升内在自我。

意识到每个人的成熟水平起点不同——这既不是自身的过错，也不是父母的过错，有助于我们对自己和他人在成长过程中的缓慢进度保持包容之心。当一个人在人际关系中没那么坚强时，会更容易感到崩溃和迷茫。在这种情况下，与日俱增的生活压力会破坏人们的健康和心情，情绪系统开始占据主导地位。

一个人依靠关系来稳定自我的程度与他的成熟水平有关，并可能导致他更容易出现焦虑和情绪问题，记住这一点有助于我们更好地成长。

关系依赖类型

那么，关系依赖通常是以什么形式损耗我们的抗压能力的呢？下面列举了几种示例：

- 如果一个人感到恐慌时需要依赖他人摆平问题，那么他很有可能难以调动内在资源去迎难而上。
- 如果一个人需要他人认可才能把工作做好，那么在收到批评的暗示或得不到他人认可时，他很容易降低绩效水平。
- 如果一个人习惯于充当助人者的角色，并从中获得复原力，那么当人们不再需要或赏识他，或者不再将其视为可靠的建议者时，他很可能会崩溃。
- 如果一个人在一段关系中投入大量感情，以取代过去的挫败关系，那么当这段关系遇到坎坷时，他很容易情绪失控，感到空虚。

在焦虑状态下，我们每个人都会陷入不同程度的关系模式以缓解压力。同时，我们利用这些关系模式的程度决定了我们心态失衡的可能性。对情绪健康构成潜在威胁的几种主要减压关系模式如下：

- 过于疏远。
- 付出太多。
- 把自己该做的事交给他人来做。

如果你想改善心理健康、增强复原力以应对生活压力，你就有必要考虑自己利用这些关系模式的程度如何。请记住，每种模式都是关系双方共同促成的。虽然每个人只需要改变自己就好，但在积极改变的过程中，我们难免要应对伴随而来的副作用。

直面不公，不做无谓牺牲

成长面临的另一个不公平的竞争环境在于，不同的人面临的生活悲剧的程度不同。这是生活不太公平的另一部分。很多人面临的挑战远远超出预期的生活压力。生活似乎具有不同程度的痛苦，让人们每天背负着生存压力而苦不堪言。最艰巨的挑战是要在悲惨的环境下（例如孩子夭折、患有慢性疾病或不得不照料严重残疾的家人）保持成熟。当创伤性事件发生时，每天能把日子挺过去就是一种成长进步，这完全可以理解。

然而，很多人也谈到了这些考验如何增强了他们的复原力和内在智慧。那些不向苦难低头，重新过上有意义的生活的人，通常会被视为最睿智的人。

对于内在资源持续面临压力的人而言，一个常见的成熟陷阱是过度沉浸于困境之中。本书花了很大篇幅谈论如何在关心他人与关心自我之间寻找到一个平衡点。无论这个天平向哪一端倾斜，结果都是不健康的自我沦陷，或是缩小生活体验的其他沦陷。重大挫折必然会使人陷入一段时间的悲痛和失落状态，但是，如果我们沉浸于为打翻的牛奶哭泣而不可自拔，那么我们的个人成长必然会大打折扣。人们往往将那些沉浸于悲痛境遇不可自拔的人视为牺牲一切个人利益的“烈士”角色。

一个化悲痛为力量的故事

谢丽尔一直对第四个孩子露西的严重残疾感到难以释怀。小时候，在父亲遭受了一次危及生命的心脏病发作之后，母亲似乎无法独自应付，于是她总觉得自己要对父亲的幸福负责。当她的小女儿确诊囊性纤维化时，她陷入了一系列的矛盾与挣扎之中：悲伤、否认、愤怒和歉疚。一直以来她总是习惯于为他人付出，于是她开始不惜一切代价想要让女儿过上丰富多彩的幸福生活。

不管怎么说，谢丽尔找到了一种办法走出打击和悲痛的阴影，努力想办法改善露西的病情，这实在令人钦佩。然而，她太沉迷于此了，她与丈夫及朋友的谈话内容总是围绕着露西的需求。她踊跃参与所有相关的项目，以更好地认识露西的病情，并积极参与游说，以改善护理状况并支持照顾残疾儿童的家庭。然而，这些努力正在成为谢丽尔自我成长的绊脚石，因为当她沉迷于帮助露西时，她和亲朋好友变得越来越疏远。

审视自己的负面情绪

我见了谢丽尔和她丈夫巴里，那时候露西九岁。谢丽尔向我倾诉了她的愤懑，为了照料露西，她不得不负重前行。她用讽刺的口气谈到丈夫和其他几个孩子过着“岁月静好的生活”，而她却背负着小女儿与日俱增的医疗需求所带来的压力。对于她的遭遇，以及这一切对她曾经憧憬的生活轨迹带来的干扰，我感同身受。然而，谢丽尔的症结在于她无法看透自己的愤懑。她很委屈，但她没有停下来反思自己是如何无意间陷入这种痛苦境地的。

在讲述照料露西的故事时，谢丽尔开始意识到，她一直以来焦虑地承担了女儿生活中的所有责任，却忽视了自己的情绪健康以及与他人的联系。当然，她的丈夫巴里也有责任，因为他疏远了自己的妻子。他没有向谢丽尔提出过自己在照料露西方面的想法，也没有主动维持他想要的婚姻关系。

谢丽尔面临的主要挑战是不再通过试图向丈夫和其他人展示自己牺牲了多少，以获得一些能量。在努力找回自我的过程中，她开始考虑怎样才能在照料露西的同时不忽视生活中其他重要部分。当她学会了在露西流露出痛苦迹象时不像从前那样放下一切来照顾女儿后，她发现，露西的要求也在逐渐减少。

谢丽尔面临的人生挑战，放在任何其他人身上，都有可能使他们的自我管理能力倒退。然而她能够迈出关键性的第一步，重新开始为心智成熟而努力。她开始审视自己在困境中应该承担的责任。虽然她不可能改变露西的诊断结果，但她可以改变自己的应对方式。通过调用自己的内在资源，她变得足够成熟，可以做好力所能及的事情，以减轻自己的困顿感。

保持现实，保持同理心

对未来可能发生的挫折保持现实的态度，对于成长至关重要。盲目和他人比较是无济于事的，尤其是当比较的对象是那些继承了更高的自我分化水平的人或未曾经历过和你一样的困难的人的时候。关键在于意识到自我的成熟程度，以及独立自主、不依赖他人的能力水平。以此为基础，你就能看到进一步的成长能让你的复原力提升一个档次。

专注于自我而不是改变他人的原则适用于每一个立志自我成长的人：利用自己的知识而不是期望他人的指引。然而，提升独立水平的步骤因人而异，这取决于你目前的成长水平以及你经历过多少磨难。如果你对他人的赞同非常敏感，而且还经历过一些重大挫折，那么你可以先从照顾好自己开始努力。如果你很幸运，处于不太焦虑的阶段，那么你可以从不同的起点开始努力。不论你们目前的成熟水平如何，目标总是一致的：对自己负责，确定自己的原则，减少与他人的被动联系。

思考问题

- 有哪些证据表明成熟是代际关系不断传递的结果？这对你实事求是地看待自我与他人的成长努力有何帮助？
- 你在多大程度上依靠关系来稳定自我？这对你了解自己的成熟程度有何指导性意义？
- 当你面对生活中的挫折时，你应该如何运用以下原则？
    - 正常生活（做日常该做的事），而不是试图修补（消除问题）。
    - 做好自己（做好力所能及的事），而不是变成病人（让他人来照顾你）。
    - 保持联系（增加联系次数），而不是切断联系（回避他人）。
- 在思考这些问题时，请参阅附录D了解有关自我分化的更多信息，可能会有所帮助。

第五部分

在人生的下半场
变得更加成熟

Growing Yourself Up

Growing
Yourself
Up

第 13 章

步入中年
是危机还是契机

当危机出现的时候，如果他可以有勇气去审视自己，像投资家庭一样投资自己，既不愤怒又不偏执，把精力放在改变自己而非好为人师上面，那么就有可能转危为安。[1]

——默里·鲍文，医学博士

我们应该在家庭中做真实的自己，让家人接受最真实的自己，但是我们必须自己先做到这样对待他们，接受家人本来的样子，不会因为他们没有像《布雷迪家庭》㊀（The Brady Bunch）里表现出的那样而愤懑和怨天尤人。[2]

——莫妮卡·麦戈德里克，博士

真的会有中年危机吗？为什么有的人能坦然面对自己不再

㊀ 美国 20 世纪 70 年代非常流行的情景喜剧。如今，布雷迪家庭已经成为由两个家庭结合为一个全新的幸福家庭的代名词。——译者注

年轻，但有的人却视之如灾难？不必怀疑，在人生后半场，我们不得不面对自己的死亡。我们开始意识到，很多我们年轻时候天真地以为理所当然的期望并没有实现。我们会因家庭生活变得不再像早些年那样符合我们的期待而感到懊恼。就像某一天，我在办公室听一位 50 岁的男士清晰地总结他潜在的中年危机。他说，他不知道是不是从青春期开始就有这种不安全感。现在他的事业陷入僵局，20 年的婚姻也在变化，他的孩子不再需要他。最重要的是，他跑步的时光因为脆弱的双膝而结束了！他觉得一切都在走下坡路!

当生活并不如我们所愿的时候，我们容易退回到幼稚的抗议中去。还记得第 1 章提到的孩子面对挫折时的反应特点吗？婴儿的情感支配着他们的行为，他们希望任何所求必须马上得到满足。他们的世界以自我满足为中心。他们往往冲动行事，以满足他们的渴望，并对任何挡他们路的人发脾气。你是否知道，当人到中年，生活让我们备感失望时，这些不成熟是如何凸显出来的？

成长的挑战不是学会不再沉湎于失望和生活中的损失，而是思考我们要如何应对这些挫折。正是在人生充满挑战的时刻，那一点点的成熟度就能决定你是驾驭挫折，还是被挫折淹没。这恰恰提醒我们，成熟的性格使我们能够在失望中自我安慰，而不会把生活的方方面面都想得太糟。我们有意识地让我们的感觉与我们的理智同步，并且学会情绪稳定，延迟满足；我们努力构建内在原则而不是批评别人；当人们不同意我们的观点时，我们能够与他们保持联结；我们要对自己的问题负责，同时也不要侵入别人的空间，而是让他们自己找到解决问题的方法；我们不会为了融入群体而改变自己的观点；我们能够超越自己，从而看到更大的世界。

中年是如何暴露我们成熟的差距的

中年时生活的改变和一些生活元素的丧失可以暴露出我们在哪些方面逃避了自我成长。许多婚姻关系在夫妻双方人到中年时摇摇欲坠，因为他们都意识到，他们之间的分歧一直没有解决，只是把注意力转移到了工作或孩子上。当孩子们离开家，或他们不再像以前那样能在工作中获得认可和地位时，他们就必然会出现危机。

劳拉和加文进入中年时，被这样的危机搞得措手不及。两人都快 40 岁了，有 4 个孩子，年龄从 14 岁到 21 岁不等。加文在工作业务上投入了大量的时间，劳拉则全身心地投入到与孩子们的活动中。劳拉很享受自己作为母亲的角色，她积极参与孩子们的社区活动。她通过孩子们建立了强大的朋友网络，并定期组织社交活动，加文很高兴地参加了这些活动。加文一直试图在周末成为一名积极参与孩子活动的父亲，如果不出差，他会参加孩子们的体育活动。他为自己的孩子感到骄傲，但也习惯了劳拉代替他去照顾孩子们的生活。这意味着加文逐渐不再努力与他的女儿和三个儿子建立一对一的关系。

从表面看，劳拉和加文一切都很好。没有争吵，他们喜欢一起参加加文的商业活动，以及劳拉在学校的志愿活动。

然而，作为夫妻，他们放弃了所有专属于他们两个人的时间，完全没有彼此分享快乐、恐惧和怀疑。20 年前，这对他们来说是不可想象的，因为那时他们对彼此的快乐和烦恼了如指掌。如今他们继续过着相当正常的夫妻生活，并不去抱怨生活过得怎么样。加文收入颇丰，他们过着相对富裕的生活。

中年情感的危机

当加文和劳拉来咨询时，劳拉刚刚发现加文和他在工作中认识的女人克莱尔有染。他们对婚姻处于这样的危机，感到非常难过。加文很清楚，他不是去找外遇的。他描述说，当他见到克莱尔的时候，他沉迷于克莱尔对他的工作的崇拜，以及她对他商业困境的洞察力。直到恋情开始后，加文才意识到，他是多么怀念劳拉也曾对他的商业工作如此着迷的样子。

吸引力的作用如此巨大，让加文大吃一惊。几个月来，加文和克莱尔的关系一直保持在友谊的水平，但随着加文向克莱尔倾诉婚姻中的孤独，两人的关系开始升温。然后秘密和欺骗开始了，因为情感关系进入了性的领域。

劳拉对背叛感到震惊和愤怒，这可以理解。“我一直很自信地以为，我们的婚姻固若金汤。”她解释说，“我们从来没有分歧，尤其在组建家庭和生活理念方面，我们是一个完美的组合。我完全不能想象会这样——就像一列蒸汽火车直接把我撞飞一样。”

加文表示：

> “说实话，当我遇到克莱尔的时候，我在婚姻中并没有感到不幸福。我不会为我所做的事找借口。这对劳拉和克莱尔来说都是毁灭性的打击。当克莱尔对我的工作表现出兴趣时，我感受到这拉大了我和劳拉之间的距离。当时工作让我缺乏安全感，但我逃避这一点。当我和克莱尔的友谊发展起来的时候，我开始认为劳拉忽视了我。这对劳拉太不公平了，因为我甚至没有让她知道我在工作中发生了什么。我还必须承认，我告诉克莱尔我的婚姻有多么不幸，从而误导了她。”

当加文和劳拉面临着婚外情的危机时，他们明白了这是一个巨大的警告。尽管愤怒和困惑并存，但他们都相信他们的婚姻是美好的，并准备努力解决婚姻危机。当他们审视自己迄今为止的生活时，他们清楚地看到他们对婚姻的忽视。两人都没有花时间好好想过自己是怎么与对方一起生活的。对加文来说，责备劳拉是很容易的，因为她对他的工作不感兴趣，但他本可以认识到自己是如何让这种情况发生的，他也不再关心劳拉的活动或与她分享他的项目。劳拉承认，她的情感亲密需求不知不觉地转移到了她的孩子们身上，并且加文也看出，他自身的重要性仅与工作上的成功相联系。加文 40 岁时，对自己丧失了一些信心，因为年轻的高管们在组织中走在了他的前面。这让他更容易对肯定自己身份的人产生依赖。

劳拉和加文对婚姻的忽视，由于年迈父母的需求而越来越严重。加文的母亲最近搬到了一家养老院。作为一个值得信赖的家人，劳拉一直是主要负责看望她婆婆的人，同时她也承担了照顾她自己父母的大部分医疗需求的责任。在养育孩子的责任之上再承担这些，劳拉已经没有多少精力去维系她的婚姻了。她认为照顾加文的母亲是她照顾加文的一种方式，但这最终加深了他们之间的裂痕。

加文和劳拉在中年面临的挑战太常见了。加文和劳拉确实尽力使婚姻回到正轨，但肯定伴随着巨大的痛苦和烦闷。当婚外情发生时，强烈的情感会淹没人们，因此很多夫妻无法找到解决婚姻中被忽视的亲密需求的方法，也就不足为奇了。

失去青春的保障

一旦到了中年，人们在早年建立的肤浅的自信就会减少。这些自信可能源自外部，包括外表的吸引力、人际关系的认可和事业的成功等。在这个时候，成熟的挑战就是，人们是去寻找替代性的外部支持，比如婚外情和新玩具，还是去寻找不依赖外部来稳定自己的方法。中年有点像足球比赛的中场休息：它让你有机会退后一步，看看自己在上半场是如何踢比赛的，并对是否需要在下半场的时候在方法上做一些调整做出一个考量。

这是一个可以对自己提出很多自我反省的问题的珍贵契机，比如：

- 哪些关系是我优先考虑的?
- 我忽略了哪些重要的关系?
- 在投入我的人生能量方面,我在哪里失去了平衡?
- 我自己作为配偶、子女,作为朋友,作为员工的职责是什么?
- 我是要让生活的外部环境来指引我,还是让我的内在思维指导系统的力量成长呢?

当我写这一章的时候,我正值中年,经历着更年期症状所带来的乐趣。我需要两副眼镜分别用来开车和读书,还要应付逞强维持过去的体力以及一口气拎 10 个购物袋后经历的肩膀酸痛。我正在适应空巢期生活,我的女儿们也逐渐成为独立的成年人。我可以看到我曾经在为人母的角色上投入了多少,也可以看到婚姻关系中需要关注的问题。我还意识到,关于人生意义的深层次问题不应该被忽视。

中后期生活的危机向我们揭示了,白驹过隙的岁月经验不会自动让我们成熟。如果我们活了十年又十年,总是试图用有效的关系来支撑自己,而从不审视自己的生活,那么我们并不会成长很多。

随着现代生活节奏的加快,我们尤其难以找到这样的空间和精力去重新审视自己。这种时候通常需要一场危机来激励我们将其作为优先事项。

我听过很多人表达了一种悲伤和遗憾,他们没有在年轻的时候获得真正的成长。“要是我在生孩子之前知道这些就好了！或者在我离开我丈夫之前！或者在我的孩子搬走之前！或者在我父亲离世之前！或者在我跟我姐姐对质之前！”

处理遗憾是很困难的。我们冒着对自己过于严厉或责备他人的风险，给自己借口不去面对自己的弱点。成长的另一种选择是花时间去理解我们已经陷入的模式，并决定我们如何开始进行更多的深层次思考。负责地处理人际关系，一些小变化会对我们自己和我们所爱的人产生深远的连锁反应。

思考问题

- 想想你是如何应对最近生活中的挫折的。你的反应如何显示了孩子般的抗议，它又是如何显示成熟的自省的？
- 在你的快节奏生活中，哪些事情是你无意中忽略的？
- 如果你想在其他支持消失的时候，仍然有安全感，那你在关系中的行为有哪些方面需要注意呢？

Growing
Yourself
Up

第 14 章

优雅地老去

退休、空巢、与第三代建立关系

有些人会自欺欺人，认为自己已经“处理好”了与父母的关系，他们不会与父母进行深入交流，偶尔会短暂、正式地拜访。他们将这种不和父母见面的状态视为成熟的证据。[1]

——默里·鲍文

一个人的分化（成熟）水平可以在充满焦虑的家庭环境中显露出来。[2]

——丹尼尔·帕佩洛（Daniel Papero）

随着医疗水平的显著提高，我们的平均寿命也在不断延长。这意味着，高龄阶段会成为我们生命周期中举足轻重的一部分，需要我们认真对待。随着年岁渐长，我们的生活会发生翻天覆地的变化，我们的成熟差距也会随之显露。当我们步入晚年，孩子们正在适应新的家庭，女婿和儿媳们也开始进入我们的家庭系统，孙子们也会随之而来。

退休会极大地改变我们的日常生活节奏，以及夫妻之间的相处时间。健康焦虑变得越发寻常，并让我们面对死亡。任何一个会改变可预见的关系相处模式的人生阶段，都为我们提供了一个让我们可以努力成为更真实的自我的绝佳机会。随着年龄增长，我们会逐渐失去一些曾经帮助我们获得安全感的人际关系，从而有机会由内而外增强确定感。

退休后的生活

马尔科姆年近 60，即将退休。40 年前他创办了自己的事业，如今已找到买家，这为他和妻子茱莉娅的晚年生活带来了财务上的保障，他为此感到高兴。如今，他们可以将注意力转向旅行的机会以及缩小住宅规模。他们在老房子里将四个孩子抚养长大，如今其中三个孩子都已经成家立业。他们的小儿子安德鲁因为工作不顺而沮丧不已，至今仍然住在父母家中，但茱莉娅一直陪在他身边，并竭尽所能帮他摆脱困境。

迈入新生活篇章几个月后，马尔科姆彻底迷失了。他制订了很多计划，比如看房、打高尔夫球和参与社区公益活动，但他发现自己没有精力在这些活动中发挥主动性。当他的人生陷入僵局后，他开始寻求茱莉娅的帮助。茱莉娅总是扮演助人者的角色，她迫不及待地向马尔科姆提供建议，指导他如何让退休生活变得更有建设性和幸福感。马尔科姆对她的建议非常感激，但几周过去后，他的精力水平仍然低迷，茱莉娅逐渐对他失去耐心。她开始忙于自己的事务，很少待在家里。马尔科姆每天都不知道该怎么办。他曾尝试在茱莉娅的提示下，花更多时间帮助安德鲁，但安德鲁和他并不亲近，不愿意听取他的职业建议。

顾此失彼

马尔科姆难以适应退休生活并非奇事。在过去的几十年中，他将大部分精力都投入到了工作中，这帮他在婚姻中获得了更多稳定感，因为工作使他得以回避茱莉娅对他的期望所带来的紧张感，而且他为家庭财务稳定所付出的努力能够让茱莉娅平静下来。茱莉娅在抚养孩子方面投入了大量精力。孩子们越是依赖她，她对婚姻的需求就越少。随着他们最小的孩子安德鲁在青春期晚期遇到困难，茱莉娅投入了更多的精力来帮儿子恢复自信。

在工作或育儿方面投入创造性精力并没有错，但如果我们以此逃避在婚姻中做更成熟的自己，这就有问题了。多年来，马尔科姆在工作中投入了大量心血，以此回避思考如何应对茱莉娅对他的期望——她希望他能和她一起帮助安德鲁。茱莉娅对孩子的生活非常上心，比在自己的生活上投入了更多的时间和精力，这让她感到舒适，因为她能够以此逃避结婚之初的赚钱压力。如果我们将工作和孩子视为挡箭牌来逃避解决自身的不安全感或难以启齿的婚姻理想，那么一旦我们失去这些挡箭牌，我们的生活必定会失衡。

多年来，迂回的三角关系和不同的家庭分工让马尔科姆和茱莉娅得以维持稳定的婚姻关系，但马尔科姆的退休打破了这种平衡，使他的情绪日渐低落，而茱莉娅对婚姻的不满也与日俱增。马尔科姆将工作视作挡箭牌，以此逃避茱莉娅对他作为孩子父亲的期望。茱莉娅则将孩子视作人生的主要幸福来源，从中获得她在婚姻中难以找到的价值感。马尔科姆在工作中投入大量精力，承担了家庭的财务压力，而茱莉娅对此不太上心。茱莉娅在家庭关系中投入大量精力，承担了管理家务琐事、育儿和社交生活的压力，而在这些方面马尔科姆不太上心。曾经在他们人生的某个阶段能够促进关系稳定的模式如今失效了。

马尔科姆意识到他适应衰老的主要任务在于与妻子、子女和大家庭保持更好的联系。他要努力关心茱莉娅，而不是依赖她来打理自己的生活。他说对他而言，最大的挑战是不再回避与茱莉娅的分歧，并且明确表达不同的观点。多年来，马尔科姆一直忽略了他和兄弟姐妹以及年迈父母之间的关系。当他们的第一个孩子出生时，茱莉娅和他的父母闹翻，为了维持和谐的婚姻关系，他选择了远离家人。与大家庭的疏离让马尔科姆能够依赖的人变得极少，这使他的家庭关系变得越发紧张。当马尔科姆开始采取一些小措施与原生家庭重建关系时，他和茱莉娅相处时的压力得到了缓解。茱莉娅支持他和原生家庭重建联系，只要他不要求她一起做这件事就好。

马尔科姆总结了适应退休生活的教训，他说：

“我曾经以为只要我能找到更多活动来填补空闲时间，我的问题就会迎刃而解，但我真正需要做的是学习如何与对我影响最大的人重新建立关系。我不需要更多外界活动来分散精力，而应该在妻子、子女和父母面前做更真实的自己。”

空巢与新生

我一直以为，让孩子们背井离乡、开始对自己的人生负责，会是一件令人欣喜的事，我终于可以重获一些空间去完成搁置多年的心愿，还可以享受久违的二人世界。从很多方面来看，事实确实如此，但适应这一阶段的挑战性让我感到惊讶。我完全没有意识到自己有多习惯于在女儿的生活中发挥重要影响。当她们在家时，我会决定冰箱里放什么食物，并在饭桌上针对人际关系和职业困境表达我的看法，以此间接地承担起她们生活中的一部分责任。直到她们离开家，我才意识到自己为她们的人生付出了多少。

对我来说，这是自我成长的一个步骤，我需要努力减少和长大成人的女儿们的关系融合程度。当我的一个女儿在沮丧时想继续维持这种关系时，我面临的挑战尤其艰巨，我必须要坚守自己的立场，让她独立解决自己的情绪问题。我发现，当我不试图帮她解决问题时，她能更好地控制自己的情绪。我的另一个女儿在寻求我的支持时没那么明显，但我还是忍不住担心她会如何照顾自己。当我担心她们时，我没有与她们建立真正健康的关系，我应该成为她们的资源，而不是为她们的自我成熟设置微妙的障碍。我正在学着关心她们的生活，但不试图建议或影响她们。这对我来说并不容易，但当我努力调整我们的关系边界时，我可以看到我们的关系变得更加成熟了。在这种情况下，我的女婿也更容易在我们的家庭系统中找到他的位置，因为他的妻子（我的女儿）不再像以前一样深陷代际情感之中。

要想更好地适应空巢期，仅仅通过解决我与女儿之间的关系这一种途径是无济于事的。婚姻是我最主要的情感依附，吸收了我的大部分焦虑。在学习如何优雅地老去时，我需要努力在婚姻中成为更真实的自己。我在婚姻中测试自己是否展现出真实自我的方式是，如果我会被丈夫激怒，我在他和别人面前展现的就不是真实的自我。为了在婚姻中更加成熟，我要有意识地与大卫保持密切联系，基于自我的立场表达正反两面的观点，而不是迁就他的情绪或告诉他应该怎么做。

隔代教养需谨慎

海伦满心欢喜地盼望着第一个孙子的出生。她已经开始购买婴儿用品，想象着将小孙子捧在怀里的画面。她的生活将会发生变化。她减少了工作时间，期待着成为一个积极的祖母，每周帮儿子照看几次孩子。她好奇孩子的名字叫什么，会不会加上她的名字呢？她还好奇孙子会怎么叫她，是叫奶奶还是叫祖母呢？

我第一次见到海伦时，她跟我说她的生活正在分崩离析。她的孙子快一岁了，但她却几乎见不到他。她的儿子亚伦会带孙子过来短暂拜访，但不会让他们单独相处。她的儿媳莎拉对她很冷淡，不欢迎她上门看望孙子。在一个充满了美好憧憬的人生转折期，到底是什么问题导致了如今这种局面呢？

我问海伦如何看待自己未能如愿以偿成为一个快乐的祖母这个问题。她说："这都是莎拉的错，她占有欲和控制欲太强，剥夺了我做祖母的权利。我跟亚伦说我无法接受这样的结果。这个坏女人几乎毁掉了我的人生。"

当海伦在我的办公室抽泣时，我思考着如何帮她摆脱这种受害者和指责者的心态。我问她自从儿子结婚以来她和儿子的关系如何，联系的频率如何，会分享哪些事情。海伦回答说："亚伦这些年和我比较疏远，他很孝顺，会定期拜访我，但他不让我干涉他的生活。他直到求婚之后才告诉我他和莎拉的恋情。"

我问海伦听到儿子要结婚的消息后有何反应。她答道："我非常激动，我之前一直担心他会拖到很晚才成家立业。我的第一反应是我的儿子终于要让我抱上孙子了。我一生都在期待这一刻。"

根据海伦的回复可以看出，她将所有注意力都放到了自己与孙子的关系上，不再努力和儿子建立成熟的关系。亚伦对她既孝顺又疏离的态度让她难以进一步改善这种若即若离的关系，但造成这种局面，肯定也有她自己的问题。海伦既不关心也不干涉亚伦的生活，而是将所有精力投入到教养孙子的计划之中。海伦强烈渴望着当祖母，再加上她与儿子之间的距离感，导致婆媳之间出现隔阂也就不足为奇了。

最初，海伦想让莎拉前来咨询，以便“治好”她的问题。但当海伦看到莎拉因为她和儿子之间尚未解决的关系问题陷入三角关系时，她决定和亚伦好好沟通一番。亚伦非常渴望得到一些帮助，因为他感觉自己夹在母亲和妻子中间进退两难。他承认，他更专注于和两位重要的女性保持和谐的关系，而不是在她们面前表达真实想法。海伦努力将注意力从孙子身上转移到儿子身上。她意识到，在憧憬祖母的角色之前，她没有了解过亚伦的想法。海伦还发现，她之前将太多的期望寄托在一个人身上，而现在她需要在更广泛的亲朋好友关系网络中投入一些精力。她面临的最大挑战之一是停止拉帮结派对抗儿媳，这种迂回的三角关系能够带给她暂时的安慰，但显然无法帮她解决自身的问题。

从自身内在获取能量

在人生的任何阶段，我们都可以通过审视自我的能量来源来评估自身的成熟度，具体而言，被他人需要能在多大程度上使我们获得能量？认清自我并通过坚守自我原则保持内心稳定又会怎样呢？我们是否会利用孩子、孙子、工作来寻求内心稳定，而不是对自我的成长负责？我们越是依赖他人对我们的需要和认可，我们就越倾向于在衰老过程中寻求过度的帮助。衰老可能会在我们的人生中持续很长一段时间，为了能够稳步前行，我们需要反思自己在多大程度上依赖他人对我们的需要。当我们日益衰老时，能否保持对自己的内在掌控力，关键就在于是否解决了这个问题。

思考问题

- 在晚年生活中，你投入了多少精力在那些逐渐淡化或消失的人际关系或人生追求之中？你是否考虑过如何改善那些被忽视的重要关系？
- 你有多依赖自己对孩子的生活的重要性？你是否能够通过坚持自我原则来获得内心稳定，而不是依赖于他人对你的需要或迁就？
- 当你考虑与孙子建立关系时，你是否将其凌驾于与儿女建立关系的重要性之上？
- 晚年时期，你应该如何在婚姻中直面真实的自我，即使这意味着你需要诚实地面对困难？

Growing
Yourself
Up

第 15 章

面对衰老和死亡

拒绝或从容准备

死亡名列所有禁忌话题之首。大部分人独自死去，临终之际他们的想法只有自己知晓，无法传递给他人。[1]

——默里·鲍文

家庭成员在面对亲人死亡时除了要应对失去至亲的痛苦，还必须适应更多变化。根本性的家庭重组会与前几代人的历史遥相呼应，并传递给后代。[2]

——埃利奥特·罗森（Elliott Rosen）

迄今为止，我一生中最痛苦的时刻是母亲因患乳腺癌而去世，当时她只有 54 岁。她的早逝令我悲痛欲绝，然而伴随着她痛苦离世，还有另一件事让我感到难过：我们家庭处理她的死亡的方式。我记得在她最后一次被救护车带去医院时，我一直否认她即将死亡。我们一家人绝口不提她即将去世的事实，也不讨论我们将如何互相支持。

母亲临终前保持着勇敢的姿态，并谈到未来的计划。父亲在她去世前两周还与男性朋友们计划着去观看一场体育赛事。我们所有人都在刻意回避难以承受的痛苦。我们对事实和痛苦避而不谈，以便继续正常生活。好心的朋友们努力和我谈论母亲病情恶化的情况以及她即将去世的可能性，但我一点也不想参与这种悲观的谈话。

压抑情感以继续前行

当我观察母亲和父亲的几代家人时，我发现这种坚忍地处理死亡的方式可以追溯到很久以前。儿童不出席葬礼，成人不在别人面前表现出痛苦，葬礼结束后立即恢复正常的生活。这种不沉溺于失落、勇往直前的模式帮助整个家庭渡过了许多难关。当我的祖父在 50 岁突然因心脏病去世时，我的父亲面临的关键任务是接管家族生意以防止家庭陷入财务危机。刚刚经历了大萧条，保障财务安全优先于处理个人情感痛苦的任务。同样，当我母亲的长兄在幼年去世时，整个社会刚经历了第一次世界大战，失去了一代年轻男儿，还在恢复和重建，人们不得不找到一种继续前行的方式，以免陷入绝望或生存危机。

为了生存而压抑情感的生活方式如今已让我们付出了代价。我感到遗憾的是，我从来没有与母亲谈论过她的心路历程。假如当初我们能一起大哭一场，一定会有所帮助。如果家庭成员能够齐心协力，坚持沟通彼此在悲痛中的心理挣扎，那么家庭本可以成为一种支持性资源。30 年过去了，我依然会想起母亲去世后，夜里听到父亲躺在床上哭泣，呼唤母亲的名字，我感到深深的痛苦和无助。我知道如何勤快地帮他做一些事情来支持他，但我不知道如何与他谈论我们的共同缺失。很长一段时间以来，我们家庭都处于母亲去世所带来的冲击之下，而且我们还要在公开场合克制悲伤的情绪。部分家庭成员经历了一些明显的情绪问题，至今仍然对此耿耿于怀，心存芥蒂。

保持平衡：格洛丽亚的故事

与生命周期的每个阶段一样，成熟的核心是在联结和独立之间找到平衡。面对死亡时，这一点尤为重要，这样我们才有可能在分担悲痛的同时，拥有独立的空间去寻找继续承担人生责任的方法。我的家庭处于过度独立的那一端，各个家庭成员在面对生老病死时仿佛会具有一种与生俱来的本能，会回避敏感话题并在交流中隐藏自己的真情实感。相反，有些家庭则沉溺于悲痛情绪中不可自拔，以至于无法前进。他们可能在好几年的时间里缅怀至亲，不惜以牺牲自己的人生任务为代价。

临终之际，有人能接近这种成熟的平衡吗？许多勇敢的人选择了以尽可能有益的方式来处理死亡，78 岁的格洛丽亚就是其中之一。格洛丽亚确诊癌症时来找我咨询。她刚刚做过手术，但还有一些继发性癌细胞尚未移除。格洛丽亚没有放弃缓解症状的希望，正在尽最大努力接受后续治疗。她还参加了舒缓课程，并密切注意饮食节制。然而，格洛丽亚主要担心的是，如果她很快就要离世，她会来不及把最好的自己展现给她最在乎的人。我记得她说："我可能没多少时间了，如果我想和家人好好告别的话，我还有很多地方需要努力。"

任何时候审视我们建立关系的方式都为时不晚

格洛丽亚意识到，面对死亡不仅是个人的事，而且是所有在乎临终者的人都必须面对的人生大事。在临终之际，格洛丽亚面临的成长挑战在于她不想理会家人们将如何应对她的疾病。但她决心克服这种倾向，做点不同的事情，从而与亲朋好友保持尽可能开放和亲密的关系。

格洛丽亚首先考虑的关系是她和丈夫 50 多年的婚姻。她承认自己与比尔的关系越来越疏远，他们的身体在一起，心却不在一起。他们的婚姻关系看似和睦，但在很多方面却毫无默契。格洛丽亚回想起每次她在经历恐惧和脆弱时感到的这种情感疏离。在婚姻里，她总是主导家庭事务并让比尔迁就她，比尔总是很爽快地接受她的安排。格洛丽亚对这种相处方式感到非常孤独。多年以来，他们一直分床而睡。格洛丽亚回想起无数个夜晚，她是那么渴望亲密的身体接触以及相拥入眠的温暖体验。她解释道："这种问题是日积月累的，如今当我停下来开始反思，我才意识到自己真的非常孤独，我猜比尔也和我一样。他从来不抱怨，总是很随和。"

格洛丽亚决定想办法主动亲近比尔。根据格洛丽亚的治疗方案，他们规划了一次度假。格洛丽亚决定在度假期间努力做好两件事。第一，向比尔表达她的恐惧，以及她多么需要他的陪伴。第二，抛开顾虑，在床上和他亲密相拥。假期结束后，她说这种努力给她带来了极大的安慰，而且她和比尔的感情也比过去几十年都更加亲密。比尔的角色也发生了变化，不再是一个依赖者，而是一个可以与她分担生死压力的平等伴侣。

格洛丽亚又花了很多时间反思父母的婚姻相处模式给她带来的影响，以及她看待父母的方式，她认为母亲强势且挑剔，而父亲是“妻管严”。她发现她和比尔复制了类似的相处模式。这一发现让她对自己和女儿们的关系也有了更清晰的认识，尤其是她的小女儿布朗温，她们母女在一起时总是有点不自在和冷淡。格洛丽亚能看到布朗温更亲近父亲，而这影响了布朗温对母亲的看法，正如格洛丽亚对自己母亲的看法一样。她不再刻意亲近布朗温，而是专注于关心孙辈们的近况。她发现，她对母女间的疏远关系越焦虑，她在小女儿面前就越紧张。将注意力转移到孙辈们身上，很好地缓解了她们母女间的紧张关系。

格洛丽亚还和女儿闲聊学校最近的音乐会，以打破僵局。当她们的相处逐渐变得轻松自然之后，格洛丽亚开始和女儿分享一些自己的生活。布朗温也开始敞开心扉，倾诉自己在育儿和事业方面遇到的挑战。格洛丽亚的外孙正在为 13 岁的生日聚会做准备，当布朗温邀请格洛丽亚为聚会准备食物饮料时，她感到非常高兴。

跳出家庭三角关系

格洛丽亚有意识地努力向女儿们表达她对丈夫的爱，并感谢女儿们给予她的能量和支持。通过这种方式，她改变了过去的坏习惯，不再将女儿们卷入她的婚姻困境之中。她意识到自己过去多次在女儿面前贬损她们的父亲，这种三角关系让女儿们非常不知所措。有几次她还要求两个女儿陪她来接受治疗。她告诉女儿们，她很在乎她们的陪伴，因为她们的存在让她在临终之际没那么孤单。

格洛丽亚接受化疗后，良好的健康状况维持了整整 6 个月，这使她能够在所有重要的人际关系中保持真诚温暖的态度，并取得了卓有成效的结果。虽然布朗温仍然对母亲有所保留，但她们的关系改善了很多，使格洛丽亚能够享受儿孙相伴的快乐。当格洛丽亚得知癌症进一步恶化时，她与比尔深入沟通了一番，讨论是否还要进行另一轮化疗。最后他们一致决定，珍惜当下的美好，享受显著改善的婚姻关系才是更重要的事，而不是继续接受治疗并忍受强烈的疲惫和恶心。格洛丽亚说这和她以前处理问题的方式完全不同，以前的她可能会不顾比尔的感受，要求医生尽全力继续治疗。

格洛丽亚和两个女儿单独见了一面，告诉她们这个消息，以及她在比尔的支持下做的决定。如此一来，每个家庭成员都得以表达他们对即将失去至亲的悲伤。格洛丽亚说他们在一起痛哭过几次。令她欣慰的是，他们有时候会简单地一起做一些日常琐事，在这个过程中，他们的悲伤得到了化解。

决定放弃化疗之后，格洛丽亚得以更轻松地出席孙子的 13 岁生日聚会。她可以坐下来静静享受当下，而不用像以往一样为了刻意亲近布朗温而感到局促不安。生日聚会后一个月，格洛丽亚因严重的腹痛入院。她昏迷了 24 小时，并于三天后离世。她的猝然离世令家人大吃一惊，但他们会通过各种方式表达悲痛情绪，并相互扶持。格洛丽亚在临终之际主动付出努力，使她的家庭关系系统变得更加成熟。她和每个家庭成员讨论了葬礼计划，让所有家庭成员，包括她的孙子在内，都积极参与其中。她向我们证明，努力培养成熟度从何时开始都不算太晚。格洛丽亚在处理身体健康和人际关系问题时努力权衡取舍，并与家人相互支持，成熟地处理了各种问题，树立了鼓舞人心的典范。

成熟地处理不可避免的问题

在过去的几十年里，随着医疗水平的进步，我们活到老年的概率越来越高。虽然平均寿命得到延长，死亡仍然是我们所有人都无法避免的经历。小孩子在玩耍时间快要结束时总会想尽一切办法留在公园，成年人面对死亡时也是如此，我们会想方设法避免死亡。通常情况下，即使是非常开明和健谈的家人之间，也会对有关死亡的话题避而不谈，尤其是猝不及防的死亡。走出舒适区去思考并计划如何处理死亡和缺失，这可能是我们能够做到的最成熟的训练了。在人生的最后几年，我们面临的一个挑战是不要对过往感到遗憾。

格洛丽亚的故事告诉我们，改变不成熟的生活方式和关系模式，不论何时开始都不算太晚。期望疏离紧绷的关系在晚年时期奇迹般发生扭转，这是不切实际的。当然，我们可以采取一些办法使重要的关系变得更加成熟。请记住，成长的关键在于改变自我，而不是改变他人。在人生的每个阶段，我们都有机会找到足够的内在力量，根据我们的价值观和信念去为人处世，而不是通过逃避的方式来表达不安全感。

思考问题

- 你们家几代人是如何处理疾病和生离死别的？
- 为了解决上述问题，你们在多大程度上切断了情感？或恰恰相反，你们在多大程度上因过度沉浸于悲伤而无法释怀？
- 在有生之年，你可以采取什么办法和重要的人重新建立联结？
- 你想通过什么原则来指导自己面对衰老和死亡？
- 当下你的内在成人在哪些方面可以发挥作用？
- 最近是否有成功地运用成长原则解决问题的案例？你有办法在此基础上继续努力吗？

第六部分

开扩视角

Growing Yourself Up

Growing
Yourself
Up

第16章

成长型助人者

有利于促进他人成长的助人指南

> 当心理治疗师（助人者）让自己成为“治愈者”或“修复者”时，患者容易产生功能失调的问题，从而导致他们会依赖治疗师帮他们完成成长任务。[1]
>
> ——默里·鲍文

> 我们尽最大努力寻求恰到好处的平衡状态，一方面回应他人的需求，另一方面尊重他人的优点和自主能力。[2]
>
> ——斯蒂芬妮·费雷拉（Stephanie Ferrera）

读到这里，关于如何在关系中实现自我成长的问题，你是否领会本书的核心信息了呢？答案是：帮助他人的最佳方法在于提升自我的成熟度，而不是关注他人不成熟的地方。一个成熟的助人者会在帮助他人面对问题时三思而后行，而不是冲动行事。相反，一个不够成熟的助人者在面对他人的求助时，可能会陷入闲言碎语、逃避问题、过度控制、责备他人或过度防卫的问题，导致他人在困境中不可自拔。

当我们强调自我成长时，你可能会疑惑：在关系中只需要关注自我成长就够了吗？重视自我成长真的是帮助他人成长的最佳方法吗？我非常确信，当我们变得更有责任感，并能意识到自身的不成熟时，我们会给身边的人带来更多积极的影响。不过，有些时候我们也需要求助于咨询者和助人者，因为他们擅长引导并支持他人渡过难关。其实，在我的职业生涯中，我一直都在努力成为更好的助人者和治疗师。然而，这种渴望成为更好的助人者的努力对我们的成长有利有弊。

什么样的帮助才是有益的

你能想到近期需要帮助他人的经历吗？作为社区组织中的专业助人者、教牧关怀（pastoral care）工作者和志愿者，我们当中许多人都处于帮助他人摆脱痛苦的位置。或许，我们常常会发现自己在社区或职场一不小心就充当了一个助人者的角色。大家总是很容易向我们敞开心扉。当我们碰巧在一个办公室，或一起在学校门口等着孩子放学时，他们会吐露心中的烦恼。在这种情形下，如果我们对自己说“我只要做好自己，努力变得更加成熟就好了”，难免有些自私无情。接下来，本书将会探讨什么样的帮助才是有益的。对于那些深陷关系问题或生活难关中不可自拔的人，我们应该如何更好地帮助他们呢？

回避痛苦者的家庭关系模式

在探讨什么样的帮助比较有效之前我们要先说一句，并非所有人都热心于充当助人者。许多人倾向于远离痛苦的人。这让我想到了身边的一些熟人，他们习惯了对家庭成员的问题保持置身事外的态度，让其他人去处理这些烦恼。每个家庭里都既有逃避者，也有拯救者，双方共同促成了这种关系模式。逃避者通过对家人的苦恼置身事外来减轻自己的压力，他们习惯了把这种问题交给那些愿意承担更多责任的人。如果你在家庭关系中扮演着这样的角色，那你需要对痛苦挣扎的家庭成员给予更多关爱和扶持，从而成为更成熟的助人者。这需要你耐心忍受他们的剧烈情绪波动，而不是急于提供解决方案或改变话题；同时在他们间歇性陷入痛苦时与他们保持真诚的交流。家庭中的逃避者或责任感不够的成员往往都是对过度助人者的一种抗衡。鲍文博士在研究和工作中经常注意到这一点，因此他在文章中自信地写道："功能失调者和功能过度者是共存的。"[3]

总想帮他人缓解痛苦的关系模式

与逃避者相反，很多人（包括我自己），总是不自觉地尝试帮助他人，这样做才最让我们感到舒服。他人的痛苦对我们而言是一种信号，驱使我们去做点什么让一切变得更好。在家庭系统中担当这种角色会让我们获得一种重要感和被认可感。我在前文也提过，作为母亲的知己，我习惯于充当一个助人者，让她在我面前倾诉对姊妹们的担忧。我往往会加入这种三角关系，在姊妹们不在场的情况下，和母亲讨论如何帮助她们。年少时，有一次我走进一个姊妹的房间向她敞开心扉，倾诉我的琐碎心事，想看看她是否也会向我敞开心扉。我这样做并非完全为了自己，如今我才明白是母亲驱使我这样做的，因为她担心我的姊妹会和家人日渐疏远。我记得那时和姊妹这样交流非常尴尬，但我当时没有意识到这种方法根本无济于事。相反，这样做使我们之间的关系更加混乱而紧张。

成长过程中过度帮助他人的习惯对助人型职业的主导性影响

不难发现，我的成长经历塑造了我对社会工作者和家庭心理咨询师的职业兴趣。作为母亲的支持者，我的家庭角色对早些年我的临床治疗方式具有重要影响。回首过往，我发现我的早期咨询风格常常是与求助者形成一种三角关系。我会和患者一起关注和担忧另一个人，比如他们的子女或伴侣。我会听患者描述他们从一个不在场的第三者身上发现的行为问题，并对此给出可能的解释。我会为患者出谋划策，想办法改变或纠正这个第三者。除此以外，我还会对患者的遭遇表示共情，对他们表示关心或对他们忍耐另一个人所遭受的辛苦感同身受。他们非常感激我的帮助，作为一名入门级助人者，我得到了大家的认可。然而，我渐渐意识到，从大局来看，那些让他们感激的帮助或许是无益的。如果助人者没能让求助者意识到自身应该承担的责任，就无法帮助他们在关系中做出真正的改变。如果助人者一味关注第三方应该做出的改变，会给求助者的关系带来压力，不利于求助者的思想成熟。这样做还有可能助长求助者的抵触心理或依赖性。

如果你之前认为帮助他人只不过是一种天然的人类本能，你很可能要问：为什么要徒增麻烦，帮助他人需要这么劳心费神、大费周章吗？现实生活中，所有重要关系里的矛盾都会使关心他人的本能过程变得复杂。但值得庆幸的是，当我们学会识别对求助者没有帮助的反应时，我们就能够做出适当调整，并在他们努力克服挑战时提供更有价值的资源。本章接下来的两节（“跷跷板模式”和“在助人过程中站边或建立三角关系”）会提出两种重要的关系模式，是助人者在提供无益帮助的过程中需要意识到的问题。之后的内容（“研究关系中的‘舞蹈模式’的意义”）概括了更有效地帮助他人提高复原力的方法。这样做是为了增进人们对一些导致他们陷入人生困境的关系模式的理解。

“跷跷板模式”：倦怠和依赖产生的根源

> 一个人可能通过另一个人的求助来获得更多情绪上的平衡。关系中的低位者让高位者可以安心地发挥更多功能。[4]
>
> ——默里·鲍文

帮助他人并积极献策主要有什么问题？助人过程中的大部分问题主要源于“跷跷板模式”。如前文所述，我在原生家庭中陷入了“跷跷板模式”的高位，受其影响，我在早期的咨询工作中提供了一些无益帮助。在本书关于原生家庭、婚姻、育儿和职场的章节中，我也提到过这种模式。这种“跷跷板模式”对任何群体都具有不可忽视的影响，因此有必要详细解释一番。鲍文博士将这种模式称为功能过度和功能失调的循环。在这种模式下，关系中的一方会对感到痛苦的另一方给予更多支持，而另一方得到更多支持后，责任感会降低。这种情况往往会循环往复地发生在关系模式之中，关系中任意一方都可能引发这种问题。那些在帮助他人时能够获得最大的安全感和确定感的人往往会与那些喜欢被人关注和迁就的人建立联结。很多时候，常规的心理咨询关系就是这样建立起来的。那么，这样的关系模式有什么问题呢？

加剧助人者的倦怠

菲奥娜是一名资深的咨询心理学家，有一次她来找我做执业监督，她对我说：

> “我感觉自己快要被工作掏空了。我给予来访者大量的肯定，耐心倾听他们的想法，并根据我从培训中学到的可以改善或减轻来访者心理压力的最佳方法，给他们提供建议。但经过大约 6 个疗程后，我经常会感到困顿和迷惘。我的来访者们说，他们从与我的交谈中受益匪浅，但几次疗程下来，他们的问题似乎并无进展。”

我和菲奥娜梳理了她的咨询关系模式。她意识到很多来访者前来找她咨询是因为她态度温和且全神贯注。另一方面，她还意识到，她提供帮助的方式无意中加重了来访者对她的依赖。她替来访者做了大量工作以安抚他们的不安全感，并想方设法帮他们渡过难关。经过一个咨询疗程后，她的来访者感到精神振奋。然而，由于这些来访者之前没有思考过如何靠自己解决问题，他们很难找到内在驱动力或听从菲奥娜的建议去做出改变。当我们研究这种咨询方式以及它如何让菲奥娜承担了本该由来访者自己承担的责任时，菲奥娜意识到了她的倦怠和迷惘从何而来。她逐渐发现自己总是倾向于建议来访者进行更高强度的治疗或精神鉴定。此前，她完全没有意识到，原来自己的咨询方式对来访者的康复进度减缓产生了重要影响。

菲奥娜开始明白，她在原生家庭中承担的角色促成了她的这种助人习惯。学生时代，她的妹妹总是情绪不稳定，为了减轻父母的压力，她承担了一部分照顾妹妹的责任。当妹妹感到沮丧低落时，她会花好几个小时帮妹妹转移注意力，并带她参加社交活动。这个发现对菲奥娜很有帮助，她意识到了自己照顾他人的习惯是在原生家庭中逐步养成的，而她的心理咨询则进一步巩固了她的这种助人模式。

违反直觉的努力：减少对另一个人的支持以减轻依赖

菲奥娜开始努力减少对患者的支持。虽然这种方法比较违反直觉，但她不想继续加重患者对她的依赖。同时，她依然恪尽职守，耐心倾听患者的心声并在交流时保持热情和尊重。有趣的是，菲奥娜说她会有意识地减少对患者表示关心的话语，因为她发现这种话语会使患者认为她比他们家庭中的任何人都更支持他们。她开始增加两次疗程的间隔时间，因为她想让患者有更多时间去审视和实践他们的想法，将咨询室当成一个复盘的地方，而不是改变自我的地方。

提问题，不提建议

菲奥娜不再提建议，而是提更多问题，以了解患者为解决问题付出了什么努力——关于什么有帮助和什么没有帮助的问题，他们有何发现？她更加谨慎地与患者分享从专业训练中学来的知识。在执业督导过程中，关于她怎样确定分享专业知识的合适时机的这个问题，我们进行了大量交流。她的新方法是在分享相关的专业知识前，确保患者已经对他们自己的处事方法有了充分的了解。她会仔细筛选和患者交流的信息，确保所有信息与患者自己的描述相匹配。例如，在一次咨询过程中，一名女性患者说当她放慢做事情的速度时总能做得更好，菲奥娜便和她聊可以缓解压力和焦虑带来的心理作用的方法。这样她就可以用一种非官方的口吻分享一些可以暂时缓解压力的方法。她分享的关键信息是："这对你正在尝试的那些方法也许是一种补充。"作为专业的助人者，菲奥娜学着与患者合作，共同探究他们的关系模式，从而更好地处理他们在重要关系中遇到的问题或挑战。这种更为平等的关系与之前的"跷跷板模式"大不相同。这种关系让菲奥娜能够以一种全新方式看待她为帮助他人做出的努力，还为她提供了一个可持续发展的咨询职业平台。

如何更好地应对创伤事件和重大人生逆境

很多人遭受重大不幸和挫折后会疏远他们所处的关系。创伤经历对大脑功能具有一定的影响，会加剧焦虑、敏感和对创伤事件的闪回或反刍（rumination）。经历过诸如战争、暴力、虐待或亲友意外死亡等创伤事件的人尤其容易陷入“功能过度”的状态之中。不论患者的创伤经历多么骇人听闻，咨询师都应该认真倾听，而不是陷入拯救姿态。逆境对每个人和每个家庭的影响不一样，咨询师应该留心观察每个人和每个家庭对他们的处境做何反应。通过提问来了解一个人及其家人如何应对他们的处境有助于判断：这个人是否具备相应的能力和资源，在面对巨大痛苦时是否能够找到办法维持正常的生活秩序。我们应该考虑到，过度的帮助可能会使受助者没有足够的动力调用自我恢复的资源。

如何更好地关心和服务社区成员

我经常受邀去教会讲解如何更有建设性地关心他人。在一个人人都必须关爱和服务他人的宗教信仰社区里，这是一个至关重要的问题。这个话题梳理起来非常有意思：什么才是真正地服务他人，而不是妨碍社区中成熟关系发展的助人过程？为了帮助人们克服这个进退两难的困境，我整理了以下问题。

功能过度者

以下问题可以帮助你思考自己有没有将对关系的焦虑敏感性与关心他人混为一谈：

- 在回应对方时，我的冲动性和体贴性如何？
- 我是否过度喜欢与需要帮助的人打交道？我是否有挽救或纠正他人的冲动？

- 我对对方做出的反应是建立在我对他们现状的臆想上，还是基于他们自己所描述的事实？
- 当我回应他人时，我是根据自己的想象判断他们需要什么，还是努力在一旁倾听他们自己的想法？
- 我会在多大程度上无意识地用帮助他人时得到的认可来激励自我？（我是否在原生家庭、社区或类似非家庭群体中有过类似的经历？）
- 当我将精力投入到关心某些人时，我是否会忽略一些重要关系（比如家庭成员）？这里指的是不仅忽视与家人维持良好的关系，还忽视家庭责任。
- 我在帮助他人时付出的努力是否加剧了他们的无助和依赖性？他们得到帮助后是否需要我投入更多时间和关注？

功能失调者

与功能过度者不同，功能失调者可以思考以下问题：

- 我期望他人关心我的方式会阻碍我变得更加成熟和有责任感吗？
- 我对自己生活中的问题是否比对别人生活中发生的事情更感兴趣？
- 当我感到纠结与痛苦时，我是否倾向于在独自思考（或祈祷）之前向其他人倾诉？
- 我有多不喜欢与需要帮助的人相处？我是否倾向于逃避或疏远他们？

在助人过程中站边或建立三角关系

> 当一个人能够控制自己的情绪反应，不站在其他两个人的任意一边，同时还能与他们持续保持联系时，这两个人的紧张关系将会得到缓解，而且他们的分化水平（成熟度）也会变得更高。[5]
>
> ——默里·鲍文

丹尼尔是一名从事青少年心理健康服务的专业人士。他和年轻人相处融洽，并善于引导他们敞开心扉，谈论那些困扰他们的问题。他从这些年轻人口中听到的最常见的抱怨是父母或继父母根本不理解他们。这些孩子认为他们的父母控制欲太强，总是在背后推着他们前进，对他们期望过高，不喜欢他们的朋友，不信任他们，给他们设定不可能达到的目标，太喜欢对他们指手画脚，等等。他们的抱怨可真多呀！丹尼尔听到这些负面评价后，请孩子们详细描述拥有如此不好相处的父母是什么样的感受。他问孩子们需要父母怎样做才能让他们感觉好一点，并表示他能理解他们所面对的挑战。他肯定了孩子们的优点，努力帮他们建立自尊，还向他们建议了一些可以减少负面的自言自语和焦虑症状的方法。

站在孩子这一边，将父母排斥在外

当丹尼尔邀请孩子们的父母来参加咨询疗程时，问题就出现了。由于他已经在孩子们抱怨父母时表达了认同，他对这些父母产生了先入为主的偏见。他对这些父母抱着一种责备的态度。丹尼尔试着让父母们参与了解亲子关系模式的过程，但他很快就被激怒了，因为他认为这些父母与孩子的相处模式是不合理的。这些父母的任何负面肢体语言都会点燃丹尼尔偏袒孩子们的情绪。丹尼尔的工作重点是尝试帮这些父母了解孩子们对他们的需求。他几乎不关心这些父母与青春期的孩子相处时所面临的挑战，以及这么多年以来为了帮助孩子更好地成长所投入的心血。他只关注他们目前的关系冲突，而且这种冲突似乎对孩子们造成了情绪困扰。

丹尼尔陷入了一种常见的三角关系。他更偏袒孩子们的立场，以至于无法以小见大地看清他们与父母的关系互动模式，而这是导致他们出现目前症状的重要原因。虽然丹尼尔发自内心地想要对患者的父母保持温暖和尊重的态度，但他站在孩子这一边，这就会让父母们觉得自己成为矛头所向。反过来，父母们会因此在丹尼尔面前急躁易怒，进一步加深了他对他们的育儿方式的偏见。

摆脱三角关系的疗法——理解关系系统

也许你会好奇，是否有人能够做到在咨询过程中不受来访者的观点影响，始终保持中立态度。如果不了解关系系统，咨询师很难避免站边。尤其是当咨询师没有察觉到自己正在陷入三角关系时，不可避免地会以一些微妙的方式袒护一方并指责另一方。在一段三角关系中，关系双方会绕过当事人，通过第三方解决他们的关系问题。当我们与一个人产生矛盾时，向第三方倾诉心中的苦闷会让我们感到舒服。向外人倾诉我们的忧虑对平复心情非常有效。但这种方法治标不治本，因为关系中的问题始终未得到解决。在这个事例中，这些少年没有直接和父母一起解决他们之间的矛盾冲突，而是迂回地找丹尼尔解决问题。如此一来，他们没有机会直接倾听父母的想法，而他们的父母也无法直接了解他们的心声。而且，即使在没有任何互动发生之前，咨询师对被抱怨对象的先入为主的看法也会使自己和当事人的关系更加紧张。这会给这段关系的发展带来负面影响。而这就是丹尼尔与来访者父母之间存在的问题。

透过抱怨去了解人们的反应模式

当我们通过某个人单方面的抱怨和诉苦去了解一个问题时，我们很容易将重点放在帮他们从痛苦中恢复过来，而且我们会认为这种痛苦是别人施加给他们的。这就为助人过程中三角关系的产生埋下了种子。这种先入为主或陷入三角关系的问题是有办法避免的，当我们探寻问题的根源时，应重点关注关系双方的互动模式，以及长期以来，他们的关系是如何适应逆境压力的。通过分析每个人对彼此关系模式的影响规律，我们便能理解，当前关系问题的产生与每个家庭成员（或团队成员）都脱不了干系。与其了解更多的抱怨细节，咨询师不妨问问患者：问题是什么时候产生的，涉及哪些人，他们是如何应对的，结果如何。

丹尼尔比较担心与少年的父母们打交道时遇到的障碍。他知道亲子关系对这些少年的心理健康恢复非常重要。当他发现自己与孩子们结成联盟并将父母们排挤在外时，他意识到自己正在陷入三角关系，于是他开始想办法避免这种问题。他不再引导孩子们放大对父母的焦虑感，而是了解他们采取了什么办法应对亲子关系中的挫折。当冲突或问题行为发生时，他会仔细观察孩子们在亲子关系中的表现。随着他对这些少年与父母之间的关系有了更客观的了解，他开始意识到让父母们参与咨询过程的重要性。当父母们在咨询过程中抱怨孩子（或伴侣）时，丹尼尔可以从中推断出他们解决关系问题的方法。

陷入三角关系问题是所有助人关系（不论是在专业领域、亲朋好友间、教会或职场等）的主要陷阱。对陷入痛苦挣扎的人而言，找到一个善于共情的倾听者无疑是倍感安慰的事。对助人者而言，向受助者提供他们在一段重要关系中所缺失的积极肯定，从而获得他们的感激，无疑是很有成就感的事。但是，这种关系联盟带来的安慰效果非常短暂，很容易陷入僵局。虽然助人者为沮丧的受助者提供了情感上的支持，却没有帮助他们解决重要关系中的困难问题。当助人者不再一味鼓励受助者埋怨他人，而是从中识别其关系模式时，他们便能更好地促进受助者实现自我成长。当他们这样做时，不仅能表达对受助者的尊重和关心，还能避免陷入三角关系问题。

研究关系中的“舞蹈模式”的意义

> 如果有一个以上的家庭成员对情绪过程及机制（反应性和重复性心理模式）有足够的了解，并能在家庭关系中有所察觉，尤其是能够意识到自己的问题并及时纠正，那么这个家庭的成员们便能更好地保持冷静并做出深思熟虑的选择。[6]
>
> ——斯蒂芬妮·费雷拉

我和艾哈迈德初次见面时，他向我倾诉身为人父的苦恼，因为他的女儿萨米拉长期以来饱受进食障碍和冲动行为之苦。他们一直都在试图理解医生对她的诊断，并努力寻找能够治愈她痛苦症状的方法。我告诉艾哈迈德，我很乐意通过心理咨询来帮他改善对女儿的帮助方式。同时，如果他的妻子莉娜有兴趣一起参加心理咨询疗程，我也十分欢迎。但萨米拉没必要参加咨询过程。这让他松了一口气，因为他的女儿很抵触与另一个心理咨询师见面。我的观点让他感到很惊讶，他没想到通过自己接受心理咨询，竟然可以改善整个家庭关系，而且患有病症的当事人并不需要一同参加心理咨询疗程。

艾哈迈德和莉娜开始前来参加心理咨询疗程，并逐渐拼凑出他们与女儿的关系模式。我们像一个调研小组一样，仔细了解他们和女儿之间的互动细节，从中寻找相关线索，分析他们的关系互动模式对女儿病情的产生及延续有何影响。经过一段时间的心理咨询，莉娜逐渐意识到自己在女儿的求学阶段投入了太多精力帮她解决生活困难。她对女儿的沮丧情绪非常敏感，并承担了帮她摆平问题的责任。多年来，她能看到萨米拉变得越来越黏人且骄傲自大。莉娜还发现，她为了缓解萨米拉的痛苦所做的努力反而削弱了女儿的情绪管控能力。在分析萨米拉和莉娜的“舞蹈模式”的过程中，艾哈迈德意识到，他变成了一个被动消极、充满怨念的父亲。由于担心自己会影响妻子对女儿的管理，他只有在妻子束手无策的时候才会伸出援手。其他时候，他会置之不理，但内心深处却对莉娜过于柔和的管教方法感到不满。每当他应莉娜的要求而插手对女儿的管教时，他会表现得过度严厉，以表示他对妻子的育儿方式的不满。这样一来，萨米拉与她的父母就陷入了一个混乱的三角关系。这种关系模式的产生说明萨米拉已经习惯了母亲对她的庇护，同时对父亲的严厉管教方法不屑一顾。

探究关系模式的提问方式

经过多次心理咨询，我们才识别出莉娜、艾哈迈德和萨米拉之间的重复的关系模式。每次咨询我都会问他们一些问题，并重点关注每个人回应其他人的方式。“你如何回应萨米拉的痛苦？她的反应是什么？然后发生了什么？还有谁牵涉其中？他们如何牵涉其中？你观察到的结果如何？你受到了什么影响？对此你有什么反应？这对你们的育儿分工有何影响？你们的夫妻关系受到了什么影响？萨米拉对你们俩的回应方式有何不同？当儿子感到有压力时，你的应对方式有何不同？”我们很少详细谈论萨米拉的症状，而是反思他们之间长期以来的关系模式，并通过这些关系模式探究萨米拉应该如何在不依赖或反对他人的情况下努力走向成熟并管理好自己的生活。艾哈迈德和莉娜渐渐意识到，他们的女儿深陷于与父母的关系模式之中，并对父母产生了深深的依赖性，以至于她没有足够的独立管理压力的能力。从她的症状可以看出，她在原生家庭中的焦虑越来越深。

探究一个家庭应对生活挑战的方式

此外，我还问了他们家族史上的重要事件，并探究这些事件如何加剧了这种令人焦虑的关系模式。例如：在萨米拉出生的时候以及早年时期，家中发生了什么事；你们家是什么时候移民的；孩子刚出生时，大家庭在哪里；那时候祖父母的身体状况如何；两个祖父去世时家庭情况如何；莉娜是什么时候失业的；家庭收入减少后，家庭成员的责任分工有什么变化。

随着时间的推移，家庭中的每一次重大变故都让萨米拉的敏感和学业压力与日俱增。但她哥哥的反应不一样，他不像妹妹那么脆弱敏感。艾哈迈德和莉娜发现，在他们没有给予儿子过度帮助的情况下，儿子的生活自理能力得到了加强。

拓宽视野，不局限于个人症状

不同于以往对症下药的治疗方式，这种助人过程扩大了关注面，将家庭视为一个相互依存的系统。在这个系统中，每个家庭成员相互影响。如果其中一个家庭成员可以改变关系互动模式，其他成员也会做出相应的改变。

艾哈迈德调整了他和女儿的互动模式。当莉娜力不从心时，他不再刻意“唱白脸”，而是努力和女儿建立一种独立且稳定的关系。他的努力常常会显得笨拙，但通过反复试验，他积极地从每一次互动中吸取经验，学习如何让家庭氛围更和睦。莉娜下定决心在女儿遇到困难时不再给予过多关注，并拒绝她无理取闹地提出要求。每一步改变对父母双方都是一种挑战。他们很珍惜每次会谈的机会，以回顾他们在尝试改变反应模式的过程中的经历和心得。他们意识到了自身存在的问题对亲子关系及夫妻关系的负面影响，并努力做出改变。萨米拉和她哥哥一样也身处于这种关系模式中，但通过心理咨询辅导，他们的父母学会了将重心放到察觉和改变自身问题上。

为了实现这样的结果，最关键的一点是助人者要重点关注反应模式或过程。如果助人者一味追问观点、症状和批评的内容，那么父母便会陷在狭隘的视角中不可自拔，无法帮女儿恢复到最佳状态，也无法改善他们的婚姻关系以及其他重要关系。

从试图改变他人到改变自我

在心理咨询初期，艾哈迈德认为他的妻子和女儿需要做出改变。而当我们探究了每个人在关系中如何互相影响对方之后，他意识到自己也对促成家庭问题的产生负有责任。他并没有因此感到自责，反而产生了一种自主感。自从发现了一些改善家庭关系的方法后，他作为父母的自信心也随之增强了。作为父母，他和莉娜必须通过他们的问题模式想办法改善自身的不足之处，而不是在别人的指导下做出改变，认清这一点对他们俩都很重要。他们反馈说自己又找回了为人父母的掌控感。他们看到女儿的冲动性症状正在逐渐改善，这使他们相信，通过减少过度反应并明确身为父母的立场，可以为家庭关系带来积极的改变。此外，他们还开始关注原生家庭对自己的影响，以及他们在婚姻和亲子关系中的敏感性。

以关系系统为指导——心理咨询专业人员和日常助人者

聚焦关系模式的助人思维与传统的助人思维不同，后者会根据个体或关系症状进行“专家”治疗。鲍文家庭系统理论为这种针对关系联结过程的询问提供了详细指南。它更像是一种联合研究，而不是“修复”技巧。在提问过程中，助人者要能够识别三角关系模式、过度承担责任、责任感不足以及冲突与疏远反应模式等问题。我发现改变提问方式，从相关人物、时间、地点和方式着手，会让帮助他人的过程变得更加轻松。这样可以减轻我帮他人解决问题的压力，我不会再受人们观点影响而偏袒某一方，也不会在面对复杂问题的时候只寻找单方面原因。这种改变让我可以与他人合作，了解他们处理生活难题和关系冲突的特殊方式；还能促进求助者在关系中的自我意识。这种全新的意识让他们能够独立解决问题。在这个过程中，助人者其实是在帮助求助者实现自我成长。

你即使不是心理咨询辅导的从业者，也可以在帮助他人的过程中这样提问，问对方如何处理困难问题，以及这种处理方式对他们的关系有什么影响。例如，当一个朋友想向你倾诉他和同事之间的问题时，比起问朋友对同事的看法，你不妨问问他们对这种问题的反应模式：这个问题是什么时候发生的；涉及谁；他们是如何被卷入其中的；在处理问题的过程中，哪些做法是有帮助的，哪些是没有帮助的。比起任由对方发泄情绪并对问题原因妄加揣测，这样做对他们的帮助更大，因为这样可以让他们有机会更广泛地思考他们的困难，并能想到更多办法在力所能及的范围内解决问题。

一个研究者的立场

在我的博士研究项目中，我担任的角色是研究者，而不是治疗师或咨询师。在那几年时间里，我一直是父母们的听众，他们正值青春期的孩子还在精神疾病中心接受治疗。当我访谈每位父母的经历时，我避免了任何出于一名临床医生的职业习惯而可能使用的治疗方式。我只问他们问题——既不下结论，也不表达同情，更不提建议。你知道我在这个过程中学到了什么吗？我发现，这样的访谈模式令求助者非常受用，因为在这样的立场下，助人者能够准确理解他们的处境并关注他们处理问题的方式。求助者们常常会在访谈过程中提出一些创意想法。例如，我记得有一位母亲告诉我，在我们第一次访谈结束后，她直接和孩子的心理医生交谈了一番，解释了在孩子接受治疗的过程中她感到自己被排斥在外的情况。她因此扭转了对心理医生的偏见，并在随后的治疗项目中与医生保持密切联系。

也许，对助人者而言，最有效的办法是保持研究者的立场——当求助者在一个受人尊敬的人面前倾诉内心想法时，这种立场可以促进他们积极思考并解决问题。

总结：做一个更成熟的助人者

为了让助人者更好地帮助他人实现自我成长，本书简要总结了一些心得体会。首先要识别那些无效的助人过程，然后再讨论一个成熟的助人者应该怎么做。你可以借此审视自己在帮助他人过程中体现出的优点和误区。

什么样的帮助是无效的

- 承担他人的功能和责任。
- 轻率地提供建议——告诉他人该怎么做。
- 只诊断症状和提供治疗方法。
- 偏袒某一方，赞同有问题且需要改变的是别人这一观点。
- 试图消除对方的痛苦。

不愿意提供帮助的人

- 始终置身事外，以避免说错话，或让事情变得更糟糕。让别人去提供帮助。

什么样的帮助是有效的

- 陪伴求助者，接受他们的痛苦状态。
- 留给对方足够的空间，让他们自己去寻找最佳解决方案。
- 善于倾听，询问求助者如何处理困难。助人者在谈话中只分享相关想法，但不提供指导性意见。
- 助人者能意识到个体和关系中的问题症状通常是很多人共同促成的结果。助人者不会轻易偏袒某一方，而是帮助对方发现自身的问题。
- 帮助他人在人际关系中拓展思考范围，而不是只关注个体的问题。

- 帮助扩大人们在自己的人际关系中的关注面，而不是让他们仅仅关注个人诊断。

对不愿意提供帮助的人的建议

- 当求助者处于痛苦中时，陪在他们身边，并投入时间与他们保持良好的联系。克服因为对方的处境和情绪产生的不适感，做好作为一个倾听者和好朋友的准备。

寻求专业的心理辅导时应该注意什么

如果你正在接受专业的心理咨询，或正在寻找一名靠谱的咨询师，你可能就要重新思考助人过程的本质。读完本章内容并思考了什么样的帮助可以促进他人“自我成长”之后，你可能会问自己一些关于心理咨询辅导的问题，如下所示：

- 咨询师问我的问题是否能让我想到理解和解决困难的新方法？咨询师是否全盘接受了我的观点？
- 咨询师是否将我视为健全的人，尊重并倾听我的想法？咨询师是否会替我感到惋惜或过度保护我？
- 咨询师是否根据我的描述和想法给出了建议？有没有给予我过多的建议？
- 咨询师是否鼓励我考虑自己在关系中扮演的角色，以及每个人相互影响的方式？我认为错在他人时，咨询师是否肯定并赞同了我的观点？
- 当我结束咨询访谈后，我会思考这些关系模式对我造成的痛苦，还是一直想着自己受到的委屈？

* * *

你发现了吗？助人中表现出的成熟和任何人际关系中的成熟没什么不同。我们要努力做好自己分内的事，而不是替他人承担本该由他们自己承担的责任。长远来看，这样才能使他们学会对自己负责。这需要我们对三角关系保持警惕，并扩大关注面，发现更大的关系模式问题。

最重要的是，助人者在倾听并关注求助者的需求时，也要注意关注和管理自我。

第 17 章

社会与自我

更广义的成熟

> 人类是自恋的物种，活在当下，更关心自己的一方天地。比起探寻生命世代相传的意义，人类对争取个人权利更有动力。[1]
>
> ——默里·鲍文

在写这本书时，我被一篇关于一位新兴世界国家的领袖的报纸文章触动了，文中将这位领导人描述为一位愿意听取双方意见然后做决定的人。紧接着，文章作者预测这个国家可能终于有了一个成熟的领袖。我认为这正是一个人在关系中保持成熟的标志：能够冷静地倾听他人的意见，但自己的想法不会被关系力量所左右。令人遗憾的是，当前一些国家的领袖们更多呈现的是一种更焦虑的教条主义领导方式——把培养互相协作和互相理解的关系抛在脑后。这本书主要讲的是如何在关系中成长，但我们的关系网络也可以扩展到我们所生活的社区乃至世界。如果更多人接受成长的挑战，并将管理焦虑和遵从原则行事视作为了构建更成熟的社会所付出的努力，这将会给整个社会带来多大的积极意义啊！

不要相信快速修复专家

贯穿本书的一个主题是，面对压力时冷静思考可以提高我们的效能。我们每个人都可以从大脑中汲取惊人的智慧，这有助于我们解决生活中的问题。我们面临的挑战是放弃对快速修复方案的渴望，以及想找他人帮忙想出即时解决方案的倾向。这种“快速修复”的心理诉求催生了一些即时疗法。这个行业发展迅速，宣称可以提供一种新方法帮我们摆脱困境。有些人甚至许诺可以让你在一周之内获得新生。根据我自己的咨询和心理学的专业知识、经验，在一些看似坚实的理论之中，也存在着大量推崇快速修复的案例。

在上一章中，我根据鲍文博士的理论概述了我对成熟的助人方法的思考。在数十年的临床实践中，我观察到，当人们开始自己想办法解决困难时，他们可以取得最大的进步，这一点对我来说已经很清楚了。我学会了避免为患者的困难出主意或提建议，而是努力引导他们将注意力从改变或责怪他人转移到审视自我上。我会密切关注他们如何描述自己正在为解决问题而做些什么，并让他们评估他们认为有帮助或没帮助的做法。然后我会和他们分享一些想法，告诉他们所有人在尝试处理关系挑战时可能会陷入的可预测性模式。接着，我会鼓励他们研究我分享的想法，并在真实生活实践中审视自我。

当人们放弃自主解决问题的能力时，无论他们的智力水平如何，他们都会陷入一个怪圈：要么会盲目依赖他人，要么会责怪和批评他人的建议不奏效。这样就会形成一个完全依赖他人的盲从者或消极被动的责备者的圈子。

一旦有人不再指责他人，或不再试图对他人的生活指手画脚，或只是不再随波逐流，社会上就有可能出现一批更成熟的贡献者。

在社会上保持成熟

本书中大多数观点都来源于鲍文博士的理论。他对家庭关系系统有很多深刻的见解，其中之一是：从整个社会中可以发现，不同家庭中的不成熟关系具有相同的演变过程。这样的例子无处不在，例如人们为了缓解环境问题以及随之而来的全球变暖问题而采取的权宜之计。为了应对强大的利益团体所施加的压力，人们放弃了对一连串可靠证据进行逻辑检验，也就找不到从根本上解决全球变暖问题的方法。当政客和社区领袖们寻找对自己的仕途有利的证据时，他们会夸大两种论调的事实，以抓住投票公众的焦虑心理。就像当家庭中出现问题时，我们倾向于立刻采取快速解决方案。我们常常重点关注问题症状，而不是解决导致问题的深层次矛盾，这需要我们改变自我。

鲍文注意到家庭与社会趋势的一个相似之处是人们对下一代的关注度越来越高，却对成年人的关注度越来越低。由于把大量精力投入到了对下一代的担忧上，父母和政府决策者们对自身的道德和行为准则越来越模糊。对下一代的过度关注会导致他们的不成熟，因为他们会在身边的成年人身上感到不确定性。年轻的一代没有学会尊重前辈们的原则，而是被宠溺和纵容，这会使他们骄傲自大。当学校、政府和立法者焦虑地试图“修复”失去责任感的年轻人时，可能会不知不觉地陷入不成熟的循环，并使这些年轻人在面对权威时变得更加依赖或叛逆。就像在个人关系和家庭关系中成长一样，对增强社会责任感最有建设性的努力方向是让人们审视自己对集体问题的贡献，阐明自己愿意坚持的立场，不强求他人和自己观点一致，并努力改善自身的问题，而不是为了另一个团体或下一代而专门做一个项目。

个人的力量

我们常听到这样的观点：要想改变世界，首先改变自己。乍听起来这很有道理，但实际操作起来一点也不简单。我们很容易将责任推卸给他人，当事情进展不顺时，就指责和批评我们的领导人，而不是关注我们自身需要成长的地方。关于在改善我们与整个世界之间的联结方式时所面临的挑战，我很赞同鲍文博士的观点。他将人类描述为一个“除非有办法鱼与熊掌兼得，不然他们不会愿意舍弃轻松的生活”[2]的群体。我们都想要更健康的社会和家庭，但我们又不愿意忍受为此改变自我行为所带来的不便。

我不希望本书的结尾让你感到气馁，因为通过每个个体努力变得成熟，我们已经并且还能继续取得很多成就。但我认为，用现实的眼光看待自我成长所面临的挑战是比较健康的态度。我们生活在一个日益焦虑的世界中。短期的权宜之计已不足以应对我们面临的一系列严峻挑战，例如环境污染、种族冲突和两极分化、粮食严重短缺、稳定关系的破裂、各个社会领域的道德败坏等一系列问题。

我们不必因为人类的不成熟引发的各类问题不知所措，我们可以利用这个机会成为先驱者，带头反思我们自己的行为模式如何成了此类问题的一部分原因。当人们愿意提升自我，努力在社区中呈现自己的最佳状态时，就能为整个社会带来积极影响。人们在自我成长方面取得的进步会产生一系列积极的连锁反应，这些进步包括克制自身的一些倾向，例如试图赢取他人认可、切断和观点不同的人之间的联系、试图修复他人的问题或将问题归咎于他人等。为成熟而努力的人不会试图得到整个社会的认可，也不会被他人的批评轻易击垮。他们的成熟度足以使他们明白，只要尽最大的努力完善自我，同时对自身的缺点有清晰的认识，就足以成为一个富有责任心的世界公民。

谦卑和成熟

在本书中，我选择了侧重于人与人之间的关系。我在书中分享的心得已经在我自己和很多人的生活中得到了应用，并让大家获益匪浅。随着时间流逝，我越来越相信，对我自己而言在成长过程中需要解决的最重要的关系是我与上帝之间的关系。有些读者可能并不同意这种观点，但对我而言，这使我能够保持清醒的自我认知：渺小脆弱，同时备受关照。我认为这在某种程度上帮我减少了在人际关系中以自我为中心的倾向。也许有人会提示你在成长过程中要敢于冒险，勇于探索自己的信仰，但你应该遵从自己的内心去做这个决定，而不是迫于其他任何人的压力。

保留一部分孩子气

虽然本书鼓励你抛开以自我为中心的内在小孩，并在以原则为指导的人际关系中增强内在成人的力量，但在成长过程中我们还是可以保留一部分孩子气。小孩子会依偎在父母身边，他们知道自己有脆弱且黏人的一面。对成年人而言，这叫作谦卑。这意味着接纳自我的脆弱以及改变自我的缓慢过程。这种谦卑是能让我们超越自我去寻找更广义的人生意义的内在动力。

鲍文理论让我深感共鸣的一个特点就是谦卑，这源自他的洞察：我们所有人都有变得更加成熟的空间。我认为，鲍文理论为人类提供了一份礼物，可以帮助那些渴望让人际关系和社会变得更成熟的人。在家庭中了解自我对于我们在其他所有人际关系中变得更加成熟都至关重要，这一点在我们人生的每个阶段都适用。

写在最后

在本书中，我借鉴了自己以及很多找过我进行心理咨询的来访者的人生经验。为了保护他们的隐私，部分细节有所修改，但关于他们的生活故事是真实的。我很感激无数勇敢的人，也很荣幸能够帮助他们努力成长。在完成本书初稿的那天，我见了一位找过我进行心理咨询辅导的女性来访者，她刚从离婚的阴影中走出来，目前正在一边努力做兼职工作，一边抚养三个年幼的孩子。她一直在努力与原生家庭的每个人建立更健康的关系。她的进步非常明显，因为她不再那么依赖母亲的认可，并且能够更加勇敢地表达自己的不同意见。在疗程结束的时候，她的一番话非常适合用作本书的结尾。

她说："现在我知道了自己想要成为什么样的人——母亲、姐妹、女儿和朋友。我知道自己的角色是什么，但要成为这个角色真是太难了。"

我问她："在这些角色中，根据你所遵循的明确原则，哪个角色最难实现？"

她毫不犹豫地答道："最难的是如何与自己相处。我对自己要求最高。我会过度自我批评。我知道事实上我没有那么糟。但我现在开始能够从自己的内心获得更多'自我认可'了。我在努力克制自己从别人那里获得认可的倾向，这种改变竟然产生了如此正面的效果。"

长大成人是一个很高远的目标，往往进展缓慢、令人沮丧。也许我们没有能力像我们想象中那样成长。变老的一个好处是让我们认清，为了实现快速自我提升而投资的众多计划并不总能导向成功。在这个焦虑的世界以及紧密的人际关系网络中成长实属不易，但与此同时，只要我们能更成熟一点点，我们的世界就将发生极大的改变，前景也会更加光明，对我们自己是如此，对我们关心的人也是如此。

Growing
Yourself
Up

结　语

从内在小孩到内在成人

关于终身成长的思考

你已经充分思考了人这一生从呱呱坠地到进入坟墓，在生活的压力和机遇中不断成长意味着什么。实现这一目标的过程真像一场马拉松！认识了人生中不同的成长阶段后，我们不妨重新审视本书开头介绍的成熟特质。在关系中成为成熟的自我的核心特质是：

- 感知情绪，但不受情绪支配。容忍延迟满足。
- 培养内在原则，避免一味指责他人。
- 接受持有不同观点的人并与他们保持正常联系。
- 自己的问题自己解决。给予他人空间解决他们自己的问题。
- 坚持自我的原则，即使这样会让你变得没那么受欢迎。
- 超越自我，从更宏观的视角认识反应和对抗性反应。

你如何看待这些成熟指南，即使你面临着生活中压力最大的挑战？你能更清楚地认识什么是成熟吗？更重要的是，你能看到眼前的成长机会吗？你是否曾看到过你为自己和他人的生活带来的改变，通过在所有关系中做真实的自己？

Growing
Yourself
Up

附　录

附录 A
思考问题汇总

下列问题汇总了在生活和社会关系中变得更加成熟的核心要点。

用理智左右情感

- 你的思维能在多大程度上指导你为人处世的行为？或者说，你在多大程度上让情感占上风？
- 你能在多大程度上意识到自己的情感，并合理利用它们解决重要的问题？
- 你能在多大程度上专注于当下的实际问题，而不是为可能发生的问题焦虑？
- 你能在多大程度上观察并思考自己在人际关系中的问题，而不是一味感情用事？

具备完善的自我指导原则，而不是一味迎合或指责他人

- 在应对当下的问题时，你对自己的价值观、原则和目标有多明确？

- 你能在多大程度上意识到违背自我原则对自己和他人带来的伤害？
- 你能在多大程度上对自己的言行负责，而不是寻找支持者或替罪羊？

看见人与人之间的相互联系和影响

- 在和他人相处时，你会在多大程度上沉浸于自我需求和苦恼，而忽视你的反应和行为方式对他人的影响？
- 你会在多大程度上忽视团队中个人对整体反应模式的影响，进而一味责怪某一个人？

保持冷静，不歇斯底里

- 你能多好地借助内在力量管理或平息自己的担忧、愤怒或冲动，而不是借助外在力量或亲密关系？在这种情况下，你是否记得要深呼吸？
- 你能在多大程度上有意识地忍受走出舒适区的不适感，以及改变人际关系中的习惯性相处模式？

保持联结，尤其是面对分歧时

- 你能在多大程度上享受亲密关系的互惠，而不失去自我责任（自我边界）？
- 面对家庭或群体中持不同意见的人，你能在多大程度上心平气和地与他们沟通联系？
- 你能在多大程度上避免成为一个人云亦云的人？

- 你能在多大程度上理性地表达观点，而不是宣泄情绪或寻找支持者？

游刃有余地承担不同的生活责任

- 你能在多大程度上平衡不同的生活角色和任务？
- 在哪些生活领域你会让他人弥补你的不足，而不是自己对不足负责？
- 你会在什么领域过度承担他人的责任，让他们失去独立解决问题的成长机会？

面对关系系统中的异议，不轻易动摇自己的立场

- 你能在多大程度上坚持自我成长的立场，即使面对他人的挑战，也不轻易向不成熟的言行方式妥协？
- 当你努力对自己更加负责时，会在一段时间内使他人不安，你能在多大程度上审视并接纳这种影响？

附录 B
成熟的联结与自我独立

一个人若想在人际关系中实现更加成熟的联结或自我分化，就必须取得一种健康的平衡：与他人联结的同时保持自我独立。联结和独立对个人成长而言具有同等的重要性。下面罗列了一些具体特征，帮助你更好地理解何为成熟的联结与自我独立，并学会辨别过度联结与自我疏离。

成熟的联结

- 享受彼此的共同点。
- 友谊：分享日常生活，共度欢乐时光。
- 提供可靠的参考意见：倾听彼此的烦恼，但不过度插手，允许对方按照自己的方式克服难题。（父母应该尽可能不将孩子卷入成年人的问题，并尽量避免干涉孩子与他人的关系问题。）
- 对不同的观点保持开放态度。
- 实事求是，合作共进。
- 温柔相待，互相尊重。
- 一举一动间充满善意和真情。
- 求同存异。
- 愿意花时间相处，清楚双方的重要诉求。

过度联结（融合）

- 不论对方说什么，都认为是针对自己，同时采取攻击、防御或回避等反应模式。
- 需要对方始终都能赞同自己。
- 期待对方解决你自身的问题或取悦你。
- 当你与其他人产生冲突时，期望伴侣无条件地站在你这一边。
- 揣摩对方的心思，不让对方把话说完，认为自己非常了解对方的想法。
- 花更多心思在关系而不是自身应该承担的责任上。

成熟的独立性

- 拥有独立的兴趣爱好和朋友圈子。
- 拥有不同的视角和观点。
- 对自我需求和成长负责。
- 自己的问题自己解决。
- 独立地平息自己的焦虑。
- 必要时，主动争取个人空间、隐私和尊重。

焦虑性疏离

- 关系受挫时回避人际交往。
- 因害怕冲突而保持沉默。
- 认为摆脱一切人际交往才能保持安全和幸福。
- 自我疏离，对其中缘由不做任何解释。
- 认为与人交往是一项迫不得已的义务。

附录 C
我们应该遵循哪些指导原则

自我分化水平（关系和情绪管理成熟度）比较高的人会通过逻辑推理建立自我的原则和信念，并在其指导下平息关系中的焦虑问题。

明确那些对自己解决日常关系困境有帮助的指导原则并非易事。原则不是具体行动方式，而是一种信念：不管发生什么事，我们都能明确什么对自己和他人的健康至关重要。我们要努力利用原则指导行为，而不是任由自己被情绪和关系压力支配。理想情况下，我们会通过自我思考逐渐树立这些原则，但现实中，我们多数人都倾向于借鉴他人的原则来指导自我的生活。我不指望自己始终都能完全按原则行事，尤其是当我压力很大时，但这些原则为我提供了自我反思和改进的框架。我的人生观比我的处事原则更宽泛，包括敬畏上帝、不骄不躁、关爱他人、互相尊重、心地仁慈。以下是我总结的一些处理不同关系的心得体会。

- 不接管他人有能力独立完成的事情。（保持一定的距离，留给他人喘息的空间，让他们能够发展独立解决问题的能力和技巧。）
- 在关系中不意气用事，心平气和地表达自己的观点。
- 对自己负责，不干涉他人的责任范围。（不影响他人发挥功能。）

- 代表自己而不是他人，独立思考、感受、说话和行动。（“我”的立场 vs.“你应该怎么做”。）
- 推己及人，为他人着想，不要做不利于他人成长的事。
- 努力掌控自我，而不是试图改变他人的控制范围。
- 关注你在关系中的挑战里扮演的角色，而不是一味批评或试图改变另一方。多问问自己：“对方与我相处时面临着什么挑战？”
- 在表达自己的想法时，充分聆听并理解他人的想法。
- 言出必行，对自己的过失负责。
- 不主动让他人替我的过失担责。
- 坚持在关系中面对并解决问题，不与其他人说三道四。
- 不在背后议论别人，尤其不要说当事人在场的情况下你说不出口的言论。
- 尊重与自己意见不一致的人，并与他们保持联系。
- 审视自己的情绪，实事求是，不过度反应。
- 在所有关系中自觉遵守这些原则，并在过程中反思它们的合理性。

附录 D
持续地自我分化

以下内容总结了鲍文博士对不同分化水平的人所具有的特征的描述。我们的分化水平由我们在原生家庭中所处的位置和成熟度继承而来。因此，我们要从实际出发，明确自己的分化水平，努力提高成熟度。我们会被具有相似分化水平的人所吸引。在我们的亲密关系中，任何明显的成熟度变化都可能是借用或交换虚假自我的体现。相对而言，很少人能具备较高的分化水平。

（我的分化水平并不高，但我将高分化水平视为一系列值得逐渐培养的个性特征。）

分化水平较低的个人和群体总是被情绪支配，以至于难以看清什么才是事实和真相。他们总是花费大量精力在关系中获取来自他人的爱和认同，一旦得不到便会生气发怒。他们没有足够的能量采取行动去实现目标。他们将健康和幸福感寄托在和谐的关系上。他们可能会非常依赖和迁就别人，或不断陷入关系危机之中。他们总是不经思考就做决定，全凭当下的心情而定。长远的目标，例如快乐、安全感或成功，对他们而言都过于空洞，还会带来心理负担。

分化水平处于中等程度的个人和群体有时候能意识到他们的想法和价值观，但对关系比较敏感，所以一旦存在被反驳的风险，他们要么缄口不语，要么非常肯定和武断地表达观点。他们擅于观察肢体语言，察觉别人的情绪和想法，并能调整自己以融入不同的群体。他们在生活中的成就感往往来自他人的认可而不是所完成工作的价值。他们的自尊心会随他人的夸赞或批评而改变。他们投入大量精力追求亲密感，如果无法实现，可能会导致退缩和心灰意懒。

分化水平较高的个人和群体能够区分情感与理智，心平气和地表达自己的观点，不固执己见，也不一味否定他人。他们可以游刃有余地选择何时与他人保持亲密，何时专注于以目标为导向的活动。他们能够实事求是地认清自己的优势和弱点。他们的人生轨迹更多时候取决于自我，而不是他人的看法。他们既能维持亲密关系，也能独处自如。他们能够对自己负责，遇到困难时不一味指责他人，或依赖他人来实现自己的目标。他们能够独立处理好不同的问题，不论是否得到他人的认可。

附录 E
如何制作家谱图

下图展示了家谱图的标准符号。[⊖]其中“m”指结婚，“LT”指同居或婚外情，“s”指分居，“d”指离婚，“remar”指复婚。

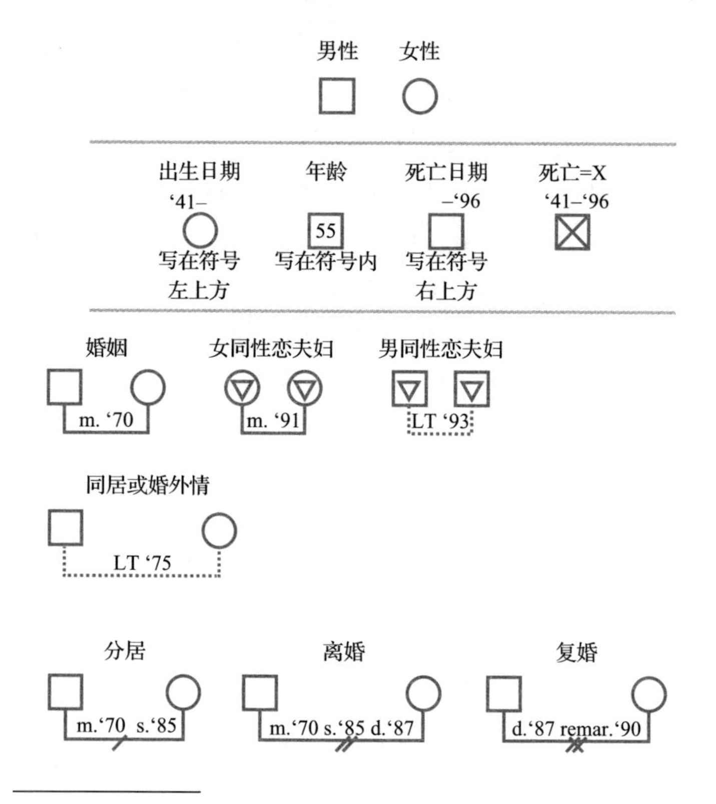

⊖ 资料来源：McGoldrick, M., Gerson, R. & Schellenberger, S. (1999), *Genograms: Assessment and intervention*, Norton. New York, p. 192。

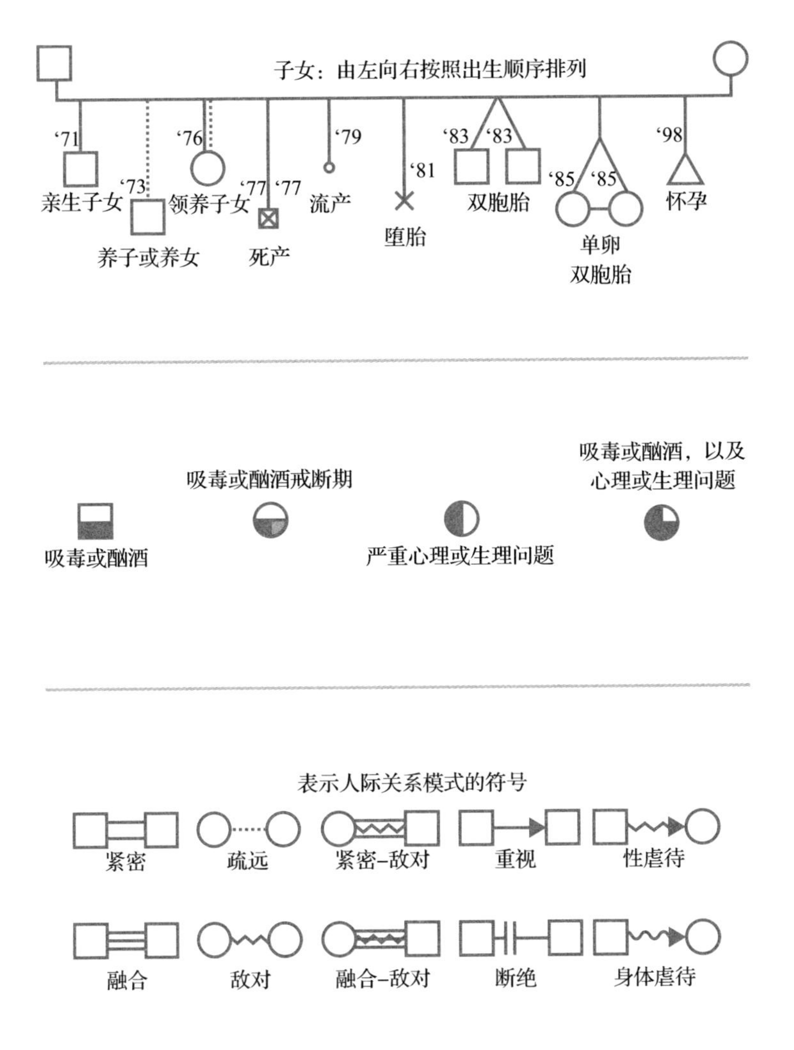
子女：由左向右按照出生顺序排列
'71
亲生子女
'73
养子或养女
'76
领养子女
'77 '77
死产
'79
流产
'81
堕胎
'83 '83
双胞胎
'85 '85
单卵
双胞胎
'98
怀孕
吸毒或酗酒
吸毒或酗酒戒断期
严重心理或生理问题
吸毒或酗酒，以及
心理或生理问题
表示人际关系模式的符号
紧密
疏远
紧密-敌对
重视
性虐待
融合
敌对
融合-敌对
断绝
身体虐待

附录 F
从鲍文家庭系统理论的角度概述人类的毕生发展

针对个人和学术团体的学习项目。根据约翰·米利金（John Millikin）博士（持证婚姻家庭治疗师，弗吉尼亚理工学院暨州立大学人力资源部）的课程改编。

家庭成员和重要人员

- 请参考附录 E 中的指南制作家谱图。
- 列出其他重要（关系好或不好的）朋友、家庭朋友，以及专业人士（例如治疗师、律师和神职人员）。
- 列出其他重要的或有影响力的人。

节点事件（出生、死亡、生病、离家、结婚、离婚）

- 你经历了哪些节点事件？
- 你是如何应对它们的？其他核心家庭成员是如何应对的？
- 你的家庭经历了哪些节点事件？
- 你是如何应对它们的？其他核心家庭成员是如何应对的？
- 描述你和家人因为这些节点事件发生的变化。
- 你出生时家庭情况怎么样？（酌情回答）
- 你离开家时感觉如何？你是多少岁、在什么样的情形下离开家的？（酌情回答）
- 你离开家时，父母感受如何？他们当时多大岁数？当时家

庭情况如何？（和以上问题一起回答）

压力源

- 你的个人压力源是什么？（比如金钱、工作、人际关系、朋友、学校或运动）
- 其他家庭成员的压力源是什么？
- 大家庭的主要压力源是什么？
- 将家庭中的压力和压力下的情感强度按照从 1 到 10 的程度打分。

其他变化和情绪事件

- 描述个人和家庭的任何突然变化。
- 是否有法律问题？
- 是否有突发性或慢性疾病？
- 是否爆发了辱骂行为？如果是，具体是什么？
- 是否有出轨行为？
- 描述其他任何极端行为或事件。

家庭情绪单位关系系统

主三角关系（父母和你）

- 你和父母的亲密度如何？（按照从 1 到 10 的亲密程度回答）
- 你和父母的关系如何？（把冲突、疏离、功能过度和功能不足的情况也考虑进来）
- 父母之间的关系如何？（把冲突、疏离、功能过度和功能不足的情况也考虑进来）

- 你更偏向哪一方?(你在这段三角关系中的位置)
- 你是否会在父母相处困难时帮助其中一方?你是怎么做的?
- 一般来说,父母双方谁给予你更多积极关注?频率如何?
- 一般来说,父母双方谁给予你更多消极关注?频率如何?
- 谁给予你认可?程度如何?
- 谁没有给予你关注或认可?
- 每位父母和他们自己的父母之间关系如何?(简要回答)

兄弟姐妹和兄弟姐妹的家庭位置

- 你的兄弟姐妹们在家中的位置和角色有何不同?
- 你和兄弟姐妹的关系如何?
- 父母是否会过度关注你或任何一位兄弟姐妹?父母是否把你或任何一位兄弟姐妹视为“问题小孩”?这对你们的互动关系(或你对兄弟姐妹的看法)有何影响?

家庭情绪过程(核心家庭和大家庭)

- 描述家庭中的主要矛盾(互相指责、批评和针锋相对)。其中涉及谁?是关于什么的矛盾?
- 描述家庭中主要的疏离问题。其中涉及谁?具体是什么情况?
- 描述家庭中主要的关系切断。其中涉及谁?具体是什么情况?
- 描述家庭中主要的功能过度和功能不足问题(失衡的照顾与被照顾关系)。其中涉及谁?具体是什么情况?

- 描述家庭中主要的过度参与和参与不足的问题。谁负责做重要决定？

联结和独处

- 家庭中谁和谁比较亲密？
- 你能长时间独处吗？
- 你能长时间与重要的人相处吗？
- 你对其他家庭成员的责任感如何？
- 你的问题是否涉及其他人？是怎样涉及的？
- 通常是谁帮助你摆脱困境的？谁帮你摆脱关系上的困境呢？
- 你最依赖谁？（按照从 1 到 10 的依赖程度打分）

情感、反应和敏感性

- 你对什么感到焦虑？
- 你如何应对焦虑？
- 其他人对什么感到焦虑？
- 有人会为你担心吗？谁？
- 你会为谁担心？
- 你通常会对什么产生激烈反应？
- 你对什么敏感？
- 别人给你贴过什么标签？
- 谁给你贴的这些标签？描述这些标签对你的基本影响。
- 是否有家庭成员轻视你？
- 是否有家庭成员对你关心不够？

- 家庭中谁最受重视？
- 你能满足核心家庭成员对你的期望吗？
- 你是否觉得自己令人失望？
- 别人对你感到沮丧，还是你对他们感到沮丧？你是否觉得自己要对他们的沮丧负责？
- 通常还有谁对谁感到不满？
- 你如何调节和处理自己的情绪？你会找别人帮忙还是自己解决？
- 描述其他情感上具有挑战性的事件或关系。

医疗、健康和成瘾

- 列出所有家庭成员的任何医疗、健康问题和重大健康问题。
- 你有不健康的习惯或行为上瘾吗？
- 家中有人有不健康的习惯或行为上瘾吗？
- 你或你的家人有成长发育问题吗？
- 是否有任何（程度的）心理问题或诊断？
- 谁的症状或行为紊乱现象比较严重？具体是什么症状？

自主性、效能、原则以及自我定义

自主性和自我行为

- 列出自我驱动的活动或追求。
- 你有哪些自我驱动活动不一定是别人会选择或支持的？
- 在实现目标方面你的自主性有多少？
- 当你与他人在一起时，你有空间去做自己吗？

- 关于你的核心思想和信念，你对他人的开放态度如何？
- 你的父母和兄弟姐妹是否目标明确？

个人效能和人际效能

- 在青春期和离家阶段，你是如何应对个人挑战的？结果如何？
- 家庭在多大程度上能成为你应对挑战的后盾？
- 你有什么才能？这和你的家庭有什么联系？
- 家庭成员，尤其是你的父母，在应对挑战方面表现如何？
- 你的家人团结起来能做好哪些事情？
- 你的家庭在鼓励你的自主性方面有什么可取之处？

原则和自我定义

- 在这个成长阶段，你如何取得更好的表现？
- 在此阶段，你认为自己应该承担的责任是什么？
- 你如何与关系重要的人一起承担更多责任？
- 如果你现在可以改变这个阶段的一部分自我，你会改变什么？
- 在与他人的交往过程中，你会遵循哪些指导原则？

致 谢

这本书的再版离不开很多人的支持与帮助。其中，鲍文博士的家庭系统理论对本书具有至关重要的意义。1992 年，我在美国威彻斯特的家庭治疗学会接触到了这套理论，在之后的日子里，我将其中的真知灼见运用到自己在实际生活中面临的各种挑战和转折里，对此我感到非常庆幸。我还想感谢所有在华盛顿鲍文家庭研究中心给予我帮助的人，他们在迈克尔·科尔博士和安妮·麦克奈特（Anne McKnight）博士的带领下，将鲍文理论继续发扬光大、不断延伸，让更多人能够理解和应用。同时，我也要感谢悉尼家庭系统研究所的同事们，他们全情投入地学习和运用鲍文理论，为我的写作带来了诸多启发。我还想对我的家庭致以深深的感谢，他们让我切身体会到了在关系中承担更多责任意味着什么（以及会有多么艰难）。本书的所有内容都与他们对我的教诲和启发息息相关。特别要感谢的是我的丈夫大卫，他一直是我写作过程中最坚实的后盾，还给予了我必要的独处空间，让我得以保持稳定输出的状态。在过去 30 多年的心理咨询工作中，我曾与很多人合作共事，我非常感谢大家教给我的关于家庭系统理论的知识，我也很敬佩大家可以在日常生活和人际关系中坚持呈现最成熟的自我。你们的故事是我将本书中的观点变为现实的核心。

很多人将本书的理论运用到了生活中的不同场景，并将他们的心得体会反馈给我，这对我很有帮助。最后，我要感谢出版社团队 Exisle Publishing，他们始终坚定地认为这本书具有独特的价值。

关于鲍文理论和信仰

对我而言，鲍文理论是否适用于理解更重大的人生问题？我发现，鲍文对人类家庭和更广泛的关系群体做了细致入微的观察研究，并形成了一种独特的方式，可以鉴别人们的反应和症状模式。这使人们意识到不论是在当代还是世代关系系统中，每个个体都与其他人有着千丝万缕的联系。因此我努力保持清醒的头脑，不狂妄自大地以为仅凭一己之力就能够掌控人生。虽然我可以对自己负责，努力“成长”以呈现更好的自我，但仅凭我个人的能力和智慧，我只能做有限的事情。

Growing
Yourself
Up

注 释

导言

1 Empirical evidence for Bowen theory and differentiation of self:

» Charles, R. 2001, 'Is there any empirical support for Bowen's concepts of differentiation of self, triangulation, and fusion?', *American Journal of Family Therapy,* 29, pp. 279–92.

» Klever, P. 2009, 'Goal direction and effectiveness, emotional maturity, and nuclear family functioning', *Journal of Marital and Family Therapy*, 35, 3; pp. 308–24.

» Murdock, N.L. and Gore, P.A. 2004, 'Differentiation, stress, and coping: A test of Bowen theory', *Contemporary Family Therapy*, 26, pp. 319–35.

» Skowron, E.A. 2000, 'The role of differentiation of self in marital adjustment', *Journal of Counseling Psychology*, 47, pp. 229–37.

» Skowron, E.A., Stanley, K. and Shapiro, M. 2009, 'A longitudinal perspective on differentiation of self, interpersonal, and psychological wellbeing in young adulthood', *Contemporary Family Therapy*, 31, pp. 3–18.

» For examples of current research see The Family Systems Laboratory at Penn State University, Dept of Psychology: http://familysystemslab.psu.edu/

第1章

1 Kerr, M.E. and Bowen, M. 1988, *Family Evaluation: An approach based on Bowen theory*, Norton, New York, p. 107.

2 Lerner, H. 1985, *The Dance of Anger: A woman's guide to changing the patterns of intimate relationships*, Harper & Row, New York, p. 40.

第2章

1 Bowen, M. in Kerr, M.E. and Bowen, M. 1988, *Family Evaluation: An approach based on Bowen theory*, Norton, New York, p. 342.
2 Bowen, M. 1978, *Family Therapy in Clinical Practice*, Jason Aronson, New York, p. 365.
3 Checklist is drawn from descriptions of pseudo self and solid self in: Kerr, M.E. and Bowen, M. 1988, *Family Evaluation: An approach based on Bowen theory*, Norton, New York, pp. 104–105.

第3章

1 Bowen, M. 1978, *Family Therapy in Clinical Practice*, Jason Aronson, New York, p. 492.
2 McGoldrick, M. 1995, *You Can Go Home Again: Reconnecting with your family*, Norton, New York, p. 32.

第4章

1 Bowen, M. 1978, *Family Therapy in Clinical Practice*, Jason Aronson, New York, p. 383.
2 Carter, B. and Peters, J. 1996, *Love, Honor, and Negotiate: Making your marriage work*, Pocket Books, New York, p. 213.

第5章

1 Bowen, M. 1978, *Family Therapy in Clinical Practice*, Jason Aronson, New York, p. 474.
2 Gilbert, R. 1992, *Extraordinary Relationships: A new way of thinking about human interactions*, John Wiley, New York, p. 158.

第6章

1 Bowen, M. 1978, *Family Therapy in Clinical Practice*, Jason Aronson, New York, p. 475.
2 Schnarch, D. 1997, *Passionate Marriage: Love, sex, and intimacy in emotionally committed relationships*, Norton, New York, p. 49.

第7章

1 Bowen, M. 1978, *Family Therapy in Clinical Practice*, Jason Aronson, New York, p. 280.
2 Schnarch, D. 1997, *Passionate Marriage: Love, sex, and intimacy in emotionally committed relationships*, Norton, New

York, p. 78.

第8章

1 Kerr, M. in Kerr, M.E. and Bowen, M. 1988, *Family Evaluation: An approach based on Bowen theory*, Norton, New York, p. 202.
2 Gilbert, R. 1999, *Connecting with Our Children: Guiding principles for parents in a troubled world*, John Wiley, New York, p. 11.
3 Stearns, P.N. 2003, *Anxious Parents: A history of modern childrearing in America*, New York University Press, New York.

第9章

1 Bowen, M. 1978, *Family Therapy in Clinical Practice*, Jason Aronson, New York, p. 498.
2 Fox, L.A. and Gratwick-Baker, K. 2009, *Leading a Business in Anxious Times*, Care Communications Press, Chicago, p. 16.
3 Bowen, M. in Kerr, M.E. and Bowen, M. 1988, *Family Evaluation: An approach based on Bowen theory*, Norton, New York, pp. 342–3.

第10章

1 Bowen, M. 1978, *Family Therapy in Clinical Practice*, Jason Aronson, New York, p. 473.
2 Ephesians Ch. 4:14, *The Bible*, New International version, Zondervan.
3 Wilson, D. 2007, 'A traditional wedding', *Credenda/Agenda*, vol. 9, 3. (Can be found at: www.reformedsingles.com; post 20 Jan 2009)
4 Dickson, J. 2004, *A Spectator's Guide to World Religions: An introduction to the big five*, Blue Bottle Books, Sydney, p. 15.
5 Menninger, K. 1973, *Whatever Became of Sin?* Hawthorn Books, New York.

第11章

1 Bowen, M. 1978, *Family Therapy in Clinical Practice*, Jason Aronson, New York, p. 535.
2 Gilbert, R. 1992, *Extraordinary Relationships: A new way of thinking about human interactions*, John Wiley, New York, p. 157.

第12章

1 Bowen, M. 1978, *Family Therapy in Clinical Practice*, Jason Aronson, New York, p. 305.
2 Gilbert, R. 1992, *Extraordinary Relationships: A new way of thinking about human interactions*, John Wiley, New York, p. 150.
3 Kerr, M.E. 2008, 'Why do siblings often turn out very differently?' in Fogel, A., King, B.J. and Shanker, S.G. (eds), *Human Development in the Twenty-first Century*, Cambridge University Press, London, pp. 206–15. Also available as a DVD from: www.thebowencenter.org

第13章

1 Bowen M. in Kerr, M.E. and Bowen, M. 1988, *Family Evaluation: An approach based on Bowen theory*, Norton, New York, p. 343.
2 McGoldrick, M. 1995, *You Can Go Home Again: Reconnecting with your family*, Norton, New York, p. 276.

第14章

1 Bowen, M. 1978, *Family Therapy in Clinical Practice*, Jason Aronson, New York, p. 494.
2 Papero, D. 1990, *Bowen Family Systems Theory*, Allyn & Bacon, Needham Heights, Massachusetts, p. 48.

第15章

1 Bowen, M. 1978, *Family Therapy in Clinical Practice*, Jason Aronson, New York, p. 322.
2 Rosen, H.E. 2001, *Families Facing Death: A guide for healthcare professionals and volunteers*, Lexington Books, New York, p. 7.

第16章

1 Bowen, M. 1978, *Family Therapy in Clinical Practice*, Jason Aronson, New York, pp. 157–8.
2 Ferrera, S.J. 2014, 'From altruism, to empathy, to differentiation of self', in Titelman, P. (ed.) *Differentiation of Self: Bowen family systems theory perspectives*, Routledge, p. 129.
3 Bowen, M. 1978, *Family Therapy in Clinical Practice*, Jason Aronson, New York, p. 155.
4 Bowen, M. 1978, *Family Therapy in Clinical Practice*, Jason Aronson, New York, p. 63.

5 Bowen, M. 1978, *Family Therapy in Clinical Practice*, Jason Aronson, New York, p. 480.
6 Ferrera, S.J. 2014, 'From altruism, to empathy, to differentiation of self', in Titelman, P. (ed.) *Differentiation of Self: Bowen family systems theory perspectives*, Routledge, p. 123.

第17章

1 Bowen, M. in Kerr, M.E. and Bowen, M. 1988, *Family Evaluation: An approach based on Bowen theory*, Norton, New York, p. 385.
2 Bowen, M. 1978, *Family Therapy in Clinical Practice*, Jason Aronson, New York, p. 281.

Growing
Yourself
Up

参考文献

Bowen, M. 1978, *Family Therapy in Clinical Practice*, Jason Aronson, New York. (This book is a comprehensive collection of two decades of Bowen's research and papers.)

Carter, B. and Peters, J. 1996, *Love, Honor, and Negotiate: Making your marriage work*, Pocket Books, New York.

Cohn Bregman, O. and White, C.M. (eds) 2011, *Bringing Systems Thinking to Life: Expanding the horizons for Bowen family systems theory*, Taylor & Francis, New York.

Fox, L.A. and Gratwick-Baker, K. 2009, *Leading a Business in Anxious Times*, Care Communications Press, Chicago.

Gilbert, R.M. 2008, *The Cornerstone Concept: In leadership, in life*, Leading Systems Press, Falls Church, VA.

——2006, *Extraordinary Leadership: Thinking systems, making a difference*, Leading Systems Press, Falls Church, VA.

——2006, *The Eight Concepts of Bowen Theory: A new way of thinking about the individual and the group*, Leading Systems Press, Falls Church, VA.

——1999, *Connecting with Our Children: Guiding principles for parents in a troubled world*, John Wiley, New York.

——1992, *Extraordinary Relationships: A new way of thinking about human interactions*, John Wiley, New York.

Harrison, V. 2008, *My Family, My Self: A journal of discovery,* available at: www.csnsf.org

Herrington, J., Creech, R. and Taylor, T.L. 2003, *The Leader's Journey: Accepting the call to personal and congregational transformation*, John Wiley, New York.

Kerr, M. 2003, *One Family's Story: A primer on Bowen theory,* Bowen

Center for the Study of the Family, www.thebowencenter.org

Kerr, M. and Bowen, M. 1988, *Family Evaluation: An approach based on Bowen theory*, Norton, New York.

Kerr, M.E. 2008, 'Why do siblings often turn out very differently?' in Fogel, A., King, B.J. and Shanker, S.G. (eds), *Human Development in the Twenty-first Century*, pp. 206–15, Cambridge University Press, London.

Lerner, H. 1988, *The Dance of Anger: A woman's guide to changing the patterns of intimate relationships*, Harper & Row, New York.

——1990, *The Dance of Intimacy: A woman's guide to courageous acts of change in key relationships*, Harper & Row, New York.

——2003, *The Dance of Connection: How to talk to someone when you're mad, hurt, scared, frustrated, insulted, betrayed, or desperate*, Harper & Row, New York.

McGoldrick, M. 1995, *You Can Go Home Again: Reconnecting with your family*, Norton, New York.

Miller, J. 2008, *The Anxious Organization: Why smart companies do dumb things*, Facts on Demand Press, Tempe, AZ.

Papero, D. 1990, *Bowen Family Systems Theory*, Allyn & Bacon, Needham Heights, Massachusetts.

Richardson, R. 2005, *Becoming a Healthier Pastor: Family systems theory and the pastor's own family*, Fortress Press, Minneapolis.

——1996, *Creating a Healthier Church: Family systems theory, leadership, and congregational life*, Fortress Press, Minneapolis.

——1995, *Family Ties that Bind: A self-help guide to change through family of origin therapy*, Self Counsel Press, Bellingham, WA.

Rosen, H.E. 2001, *Families Facing Death: A guide for healthcare professionals and volunteers*, Lexington Books, New York.

Schnarch, D. 1997, *Passionate Marriage: Love, sex, and intimacy in emotionally committed relationships*, Norton, New York.

Titelman, P. (ed.) 2008, *Triangles: Bowen family systems theory perspectives*, Haworth Clinical Practice Press, New York.

—— (ed.) 2003, *Emotional Cutoff: Bowen family systems theory perspectives*, Haworth Clinical Practice Press, New York.

—— (ed.) 1998, *Clinical Applications of Bowen Family Systems Theory*, Haworth Press, New York.

—— (ed.) 1987, *The Therapist's Own Family: Toward the differentiation of self*, Jason Aronson, Northvale, New Jersey.